高等学校计算机应用规划教材

微机原理及应用教学辅导
与习题解析
(第 2 版)

常凤筠　孙红星　　主编

张立松　吴文波　　参编

清华大学出版社
北　京

内 容 简 介

本书是为了配合高等院校"微机原理及应用(微机原理及接口技术)"课程的教学而编写的辅导教材。全书共 7 章，内容包括微机基础知识、微处理器的结构、8086 CPU 指令系统、汇编语言程序设计、存储器、输入输出和中断、接口技术等。为帮助学生更好地理解和掌握该课程的内容，每章按教学基本知识点、重点与难点、典型例题精解、重要习题与考研题解析、习题及参考答案 5 个部分展开。

本书结构清晰，按照由浅入深、循序渐进的原则精选了大量具有代表性的例题，对每一例题的解题思路、方法进行了详细的分析与解答，每章都有一定数量的习题，并给出了全部习题答案供学生参考。书后的附录还给出了两套期末考试的模拟试题及参考答案。

本书可作为普通高等院校电气信息类专业、计算机专业的辅导教材，也可作为报考硕士研究生的辅导教材及教师的教学参考书。

图书在版编目(CIP)数据

微机原理及应用教学辅导与习题解析 / 常凤筠，孙红星 主编. —2 版. —北京：清华大学出版社，2016
(高等学校计算机应用规划教材) (2020.3 重印)
 ISBN 978-7-302-44464-0

Ⅰ. ①微… Ⅱ. ①常… ②孙… Ⅲ. ①微型计算机—高等学校—教学参考资料 Ⅳ. ①TP36

中国版本图书馆 CIP 数据核字(2016)第 171521 号

责任编辑：王　军　韩宏志
封面设计：牛艳敏
版式设计：牛静敏
责任校对：成凤进
责任印制：丛怀宇

出版发行：清华大学出版社		地　　址：北京清华大学学研大厦 A 座		
http://www.tup.com.cn		邮　　编：100084		
社　总　机：010-62770175		邮　　购：010-62786544		
投稿与读者服务：010-62776969，c-service@tup.tsinghua.edu.cn				
质　量　反　馈：010-62772015，zhiliang@tup.tsinghua.edu.cn				

印 装 者：北京密云胶印厂
经　销：全国新华书店
开　本：185×260　　印　张：14.25　　字　数：329 千字
版　次：2011 年 10 月第 1 版　2016 年 8 月第 2 版　印　次：2020 年 3 月第 2 次印刷
定　价：45.00 元

产品编号：070413-02

前　言

　　"微机原理及应用"是国家教育部规定的各大、专院校计算机专业、电气信息类专业的一门重要的主干专业技术基础课，是机电类、信息工程等专业的必修课程，是相应的计算机等级考试科目，同时也是计算机、电子信息等专业研究生入学的考试科目。

　　"微机原理及应用"这门课程知识点多，教学内容比较抽象，前后联系紧密，初学者常感到该课程难理解、难学。书中通过大量具有代表性的例题对重点和难点内容进行详细分析与解答，其目的是让学生掌握课程的内容，掌握微机应用系统的分析和设计方法，提高综合运用软硬件能力，提高分析问题和解决问题的能力，为学生今后从事智能控制、计算机开发等工作打下良好基础。

　　本书是为配合高等院校"微机原理及应用(微机原理及接口技术)"课程的教学而编写的辅导教材。全书共 7 章，内容包括微机基础知识、微处理器的结构、8086 CPU 指令系统、汇编语言程序设计、存储器、输入输出和中断、接口技术等。

　　为帮助学生更好地理解和掌握该课程的内容，每章按基本知识点、重点与难点、典型例题精解、重要习题与考研题解析、习题及参考答案 5 个部分展开。教学基本知识点部分总结本章的学习内容、教学要求，并对每章的教学内容进行归纳、总结，使学生全面深入地掌握基本概念、基本原理。重点与难点部分指出每章的重点和难点内容，重点内容要求学生全面掌握。典型例题精解部分按照由浅入深、循序渐进的原则针对重点内容精选了大量具有代表性的例题，并对每一例题的解题思路、方法进行详细分析与讲解，不但使学生加深对基本原理、基本知识的理解和掌握，而且能够掌握解题的方法。重要习题与考研题解析部分是对知识点的综合，通过列举大量例题，掌握解题方法和技巧，提高分析问题和解决问题的能力。习题及参考答案部分提供一定数量的习题并给出全部习题答案，供学生参考。本书附录还给出了两套期末考试的模拟试题及参考答案。本书可作为普通高等院校电气信息类专业、计算机专业的辅导教材，也可作为报考硕士研究生的辅导教材及教师的教学参考书。

　　本书第 1 章、第 2 章由吴文波、欧阳鑫玉编写，第 3 章由常凤筠编写，第 4 章由常凤筠、孙红星编写，第 5 章由欧阳鑫玉、常凤筠编写，第 6 章、第 7 章由张立松编写。全书由常凤筠统稿。

　　值得注意的是，为美观起见，作者对指令和代码中的逗号和冒号等均采用汉字标点符号，在实际编程时，同学们要注意采用英文标点符号。

　　由于编者水平有限，时间仓促，书中难免有疏漏和不当之处，敬请读者提出宝贵意见。

编　者

目 录

第1章 微机基础知识

1.1 基本知识点

1.1.1 计算机中的运算基础

1. 数制及其转换

1) 任意进制数的共同特点(n 进制) n=2、8、10、16

① n 进制数最多由 n 个数码组成

- 十进制数的组成数码为：0～9。
- 二进制数的组成数码为：0、1。
- 八进制数的组成数码为：0～7。
- 十六进制数的组成数码为：0～9、A～F。
- 十六进制数和十进制数的对应关系是：0～9 相同，A-10，B-11，C-12，D-13，E-14，F-15。

② n 进制数的基数或底数为 n，作算术运算时，有如下特点：

- 低位向相邻高位的进位是逢 n 进 1(加法)。
- 低位向相邻高位的借位是以 1 当本位 n(减法)。

③ 各位数码在 n 进制数中所处位置不同，所对应的权也不同，以小数点为分界点：

- 向左(整数部分)：各位数码所对应的权依次是 n^0、n^1、n^2、…
- 向右(小数部分)：各位数码所对应的权依次是 n^{-1}、n^{-2}、n^{-3}、…

例 1.1

十进制数：	3	3	3	.	3	3
	↓	↓	↓		↓	↓
各位对应的权为：	10^2	10^1	10^0		10^{-1}	10^{-2}
二进制数：	1	0	1	.	1	1B
	↓	↓	↓		↓	↓
各位对应的权为：	2^2	2^1	2^0		2^{-1}	2^{-2}
十六进制数：	F	9	4			
	↓	↓	↓			
各位对应的权为：	16^2	16^1	16^0			

2) 数制的转换

① 非十进制数→十进制数

转换方法：按位权展开求和。

例 1.2

$$101.11B = 1*2^2+1*2^0+1*2^{-1}+1*2^{-2}$$
$$= 4+1+0.5+0.25$$
$$= 5.75$$

$$F94H = 15*16^2+9*16^1+4*16^0$$
$$= 3988$$

注意：只有十进制数的下标可以省略，其他进制数不可以省略。

② 十进制数→非十进制数(K 进制数)

转换方法：分成小数和整数，分别转换。

整数部分：除 K 取余，直至商为 0，先得的余数为低位。

小数部分：乘 K 取整，先得的整数为高位。

例 1.3

把 3988 转换成十六进制数表示。

所以：3988=F94H

十进制数转换为二进制数的另一种方法：逐次减 2 的最高次幂法。

$2^1=2$，$2^2=4$，$2^3=8$，$2^4=16$，$2^5=32$，$2^6=64$，…

例 1.4

将 1539 转换为二进制数表示。

所以：1539=110 0000 0011B

例 1.5

将 0001 1010 1110 1101 1011.0100B 转换为十六进制。

十六进制为：1　　A　　E　　D　　B　.4　H

若十六进制数转换为二进制数，则将每一位拆成 4 位。

2. 模的概念

若 a 和 b 除以 M，余数相等，则称 a 和 b 对于 M 是同余的，可以写成：a = b(mod M)。容器的最大容量称为模。可写成：KM + X = X(mod M)

3. 有符号数在计算机中的表示方法

在计算机中，一个有符号数可以用原码、补码和反码表示。

1) 共同规律。

① 用 0 表示正号，用 1 表示负号，且摆放在数据的最高位。有符号数和无符号数表示的根本区别在于，无符号数的最高位是数值位，有符号数的最高位是符号位。

② 同一正数的原、补、反码都相同。

③ 定义区间均对模 2^n 而言，其中 n 表示有符号数的二进制代码位数。

2) 其他规律。

① 任一负数的原码和对应的正数(绝对值相等)的原码仅是符号位不同。

② 任一负数的反码是对应的正数的反码的各位求反，反之亦然。

③ 任一负数的补码是对应的正数的补码的各位求反，然后加 1，反之亦然。

④ 从定义区间上看，原码和反码的定义区间相同，是 $-2^{n-1}<X<2^{n-1}$；补码的定义区间是 $2^{n-1}\leq X<2^{n-1}$；

⑤ 0 的原码、反码有+0 和-0 之分；0 的补码只有一种表达方式。

4. 补码、反码加减运算规则

$[X+Y]_{补}=[X]_{补}+[Y]_{补}$ $[X+Y]_{反}=[X]_{反}+[Y]_{反}$

$[X-Y]_{补}=[X]_{补}+[-Y]_{补}$ $[X-Y]_{反}=[X]_{反}+[-Y]_{反}$

$[-Y]_{补}=[[Y]_{补}]_{补}$ $[-Y]_{反}=[[Y]_{反}]_{反}$

5. 基本名词

位：BIT，缩写为 b；

字节：BYTE，由 8 位二进制数代码表示，缩写为 B；

字：WORD，取决于计算机 CPU 的字长，内部寄存器的位数，其中 8086 CPU 为 16 位，386、486 CPU 为 32 位；

千字节：1KB = 1024B = 2^{10}B   兆字节：1MB = 2^{20}B=1024KB

吉字节：1GB = 2^{30}B=1024MB   太字节：1TB = 2^{40}B=1024GB

6. 带符号数运算时的溢出问题

溢出和进位的区别：进位是指最高位向更高位的进位，而溢出是指运算结果超出数所能表示的范围。

带符号数所能表示的范围：(若用 n 位二进制数码表示)

原码：$-(2^{n-1}-1)\leq X\leq 2^{n-1}-1$

补码：$-2^{n-1}\leq X\leq 2^{n-1}-1$

反码：$-(2^{n-1}-1) \leqslant X \leqslant 2^{n-1}-1$

溢出的判断方法：

设 CD7 是符号位向更高位的进位，CD6 是数值位向符号位的进位，则溢出可用 V=CD7 $\oplus$ CD6 判断，V=1 表示有溢出，V=0 表示无溢出。

对于加减法，也可以这样判断，只有下面 4 种情况有可能产生溢出：

- 正数+正数，结果应为正，若为正，则无溢出；若为负，则有溢出。
- 负数+负数，结果应为负，若为负，则无溢出；若为正，则有溢出。
- 正数-负数，结果应为正，若为正，则无溢出；若为负，则有溢出。
- 负数-正数，结果应为负，若为负，则无溢出；若为正，则有溢出。

对于乘(除)法，乘积(商)超过了能存放的范围有溢出，否则无溢出。其他情况肯定无溢出。

注意： 无符号数和带符号数表示方法有区别。无符号数：无符号位，所有位都是数值位，即最高位也是数值位；带符号数：有符号数，且在最高位，其余各位才是数值位。

1.1.2　计算机中数据的编码

1. 十进制数在计算机中的表示方法

BCD(Binary Coded Decimal)是用 4 位二进制代码表示一位十进制数，4 位二进制代码表示 16 种状态，而十进制数只取其中 10 种状态。选择不同的对应规律，可以得到不同形式的 BCD 码。最常用的是 8421BCD 码。

例 1.6

59 =(0101，1001)BCD；

465 = (0100，0110，0101)BCD

(011010000010)BCD = (0110，1000，0010)BCD = 682

注意： BCD 码与二进制数之间不能直接转换，需要将 BCD 码先转换成十进制数，再由十进制数转换为二进制数。与十六进制数的区别在于：组内逢 2 进 1，组间逢 10 进 1。

表 1-1 是 8421 BCD 码。

表 1-1　8421 BCD 码

十 进 制 数	8421 BCD 码	十 进 制 数	8421 BCD 码
0	0000	5	0101
1	0001	6	0110
2	0010	7	0111
3	0011	8	1000
4	0100	9	1001

2. 字符在计算机中的表示方法

由于大、小写英文字母、0～9 数字字符、标点符号、计算机特殊控制符一共不超过 128 个，所以只要用 7 位二进制数码来表示，称为 ASCII 码，见表 1-2。国际标准为 ISO 646，我国国家标准为 GB 1988。在计算机中，一个字符通常用一个字节(八位)表示，最高位通常为 0 或用于奇偶校验位。ISO 2022 标准在兼容 ISO 646 的基础上扩展成 8 位码，可表示 256 个字符，扩充了希腊字母、数学符号、非拉丁字符、商用图符、游戏符号等。

例 1.7

'A'= 41H = 01000001B;　　'0'= 30H = 00110000B;
'a'= 61H = 01100001B;　　';' = 3BH = 00111011B。

3. 机器数和真值

机器数：一个数及其符号位在机器中的一组二进制数的表示形式；
真值：机器数所表示的值。

例 1.8

机器数 34H，用原码表示为+52；用反码表示为+52；用补码表示为+52；用 BCD 码表示为 34；用 ASCII 码表示为 4。
即[+52]原=[+52]反=[+52]补=34H
[34]BCD = 34H
[4]ASCII = 34H
机器数 97H，用原码表示为-23；用反码表示为-104；用补码表示为-105；用 BCD 码表示为 97；用 ASCII 码表示为 ETB。

表 1-2　ASCII 码字符表

编　码	控 制 字符	编　码	字　符	编　码	字　符	编　码	字　符
00	NUL	20	SPACE	40	@	60	`
01	SOH	21	!	41	A	61	a
02	STX	22	"	42	B	62	b
03	ETX	23	#	43	C	63	c
04	EOT	24	$	44	D	64	d
05	ENQ	25	%	45	E	65	e
06	ACK	26	&	46	F	66	f
07	BEL	27	'	47	G	67	g
08	BS	28	(	48	H	68	h
09	TAB	29	)	49	I	69	i
0A	LF	2A	*	4A	J	6A	j
0B	VT	2B	+	4B	K	6B	k

(续表)

编 码	控制字符	编 码	字 符	编 码	字 符	编 码	字 符
0C	FF	2C	,	4C	L	6C	l
0D	CR	2D	-	4D	M	6D	m
0E	SO	2E	.	4E	N	6E	n
0F	SI	2F	/	4F	O	6F	o
10	DLE	30	0	50	P	70	p
11	DC1	31	1	51	Q	71	q
12	DC2	32	2	52	R	72	r
13	DC3	33	3	53	S	73	s
14	DC4	34	4	54	T	74	t
15	NAK	35	5	55	U	75	u
16	SYN	36	6	56	V	76	v
17	ETB	37	7	57	W	77	w
18	CAN	38	8	58	X	78	x
19	EM	39	9	59	Y	79	y
1A	SUB	3A	:	5A	Z	7A	z
1B	ESC	3B	;	5B	[	7B	{
1C	FS	3C	<	5C	\	7C		
1D	GS	3D	=	5D	]	7D	}
1E	RS	3E	>	5E	^	7E	~
1F	US	3F	?	5F	_	7F	DEL

1.1.3 微机系统的基本组成

由硬件系统和软件系统两部分组成，并采用总线结构。

1. 硬件系统

硬件系统是指构成微机系统的全部物理装置。通常，计算机硬件系统由5部分组成：

1) 存储器：用来存放数据和程序，例如半导体存储器、磁介质存储器。

2) 微处理器(包括运算器和控制器)：运算器用来完成二进制编码的算术和逻辑运算；控制器控制计算机进行各种操作的部件。微机硬件系统只不过把运算器和控制器用大规模集成电路工艺技术集成在一块芯片上，这块芯片称为CPU(中央处理单元)。

3) 输入设备及其接口电路：用来输入数据、程序、命令和各种信号，例如键盘、鼠标等。

4) 输出设备及其接口电路：用来输出计算机处理的结果，例如打印机、CRT等。

5) 网络设备。

2．软件系统

软件系统是指计算机所编制的各种程序的集合，可分为两大类：

1）系统软件

系统软件是用来实现对计算机资源的管理、控制和维护，便于人们使用计算机而配置的软件，该软件由厂家提供。它包括操作系统(或监控管理程序)，各种语言的汇编、解释、编译程序，数据库管理程序，编辑、调试、装配、故障检查和诊断等工具软件。

操作系统在系统软件中具有特殊地位。只要计算机处于工作状态，就有操作系统的有关部分在内存储器中，负责接受、分析并调度执行用户的程序和各种命令。Windows 是目前最流行的微机操作系统。

2）应用软件

应用软件是指用户利用计算机以及它所提供的各种系统软件编制的解决各种实际问题的程序。它包括支撑软件和用户自己编制的程序。

支撑软件有：

- 文字处理软件：Wordstar、Write、WPS、Word、中文之星等。
- 表格处理软件：Lotus1-2-3、CCED、Excel 等。
- 图形处理软件：AutoCAD、TANGO、PowerPoint、PROTEL 98 以及 2000 等。
- 图文排版软件：华光、科印、方正等。
- 防治病毒软件：SCAN、KILL、CLEAN、MSAV、KV 3000。
- 工具软件：PCTOOLS 等。
- 套装软件：Microsoft-Office，它基于 Windows，包括 Word、Excel、PowerPoint、MS Mail 等。

3．软、硬件的关系

硬件系统是人们操作微机的物理基础；软件系统是人们与微机系统进行信息交换、通信对话、按人的思维对微机系统进行控制和管理的工具。

4．微机的总线结构

1）总线：是指连接多于两个部件的公共信息通路，或者说是多个部件之间的公共连线。

2）按照总线上传送的信息内容分类：

- 数据总线(DB)：传送数据信息。
- 控制总线(CB)：传送控制信息，确定数据信息的流向。
- 地址总线(AB)：传送地址信息，确定数据信息的传送地址。

1.2　重点与难点

重点：掌握计算机中的各种数制及其相互转换，机器数的编码表示及其相互转换与运算；搞清微型计算机的基本组成及其各模块的功能。

难点：掌握二进制运算中溢出和进位的区别；弄清机器数和真值；理解指令在计算机中的执行过程。

1.3 典型例题精解

例 1.9

求 152.76=_____B= _____Q=_____ H。

解：

整数部分：

```
8 |152  …… 0
  8 |19  …… 3
    8 |2  …… 2
       0
```

逆取法得：152=230Q=10 011 000B=98H

小数部分(精确到小数点后 3 位)：

$0.76 \times 8 = 6.08$ 取整=6

$0.08 \times 8 = 0.64$ 取整=0

$0.64 \times 8 = 5.12$ 取整=5

顺取法得：0.76=0.605Q=0.011 000 101B=0.628H

所以：152.76=<u>1001 1000</u>.<u>0110 0010</u>B=230.605Q=98.628H

注意：手工变换时，可先变换成八进制，再变为其他进制，这样会减少计算工作量和变换次数。八进制转换为二进制时，将每一位八进制数用 3 位二进制数表示，再去掉首位的零即可(观察划线部分)。二进制数转换为十六进制时，将每 4 位二进制数用 1 位十六进制数表示即可(观察划线部分)，注意要以小数点为分界线分别向左和向右表示。

例 1.10

求 7A.18H=_____B=_____D= _____Q。

解：十六进制可直接转换为二进制，二进制再直接转换为八进制，十六进制转换为十进制采用定义变换。

根据定义变换：

$7A.18H=7\times16^1+10\times16^0+1\times16^{-1}+8\times16^{-2}=122.09375D$

7A.18H=<u>0111 1010</u>.<u>0001 1000</u>B=1111010.00011B

1111010.00011B=<u>001 111 010</u>.<u>000 110</u>Q=172.06Q

所以：7A.18H=1111010.00011B =122.09375D=172.06Q

注意：十六进制转换为二进制时，将每一位十六进制数用 4 位二进制数表示，再去掉首位的零即可(观察划线部分)；二进制数转换为八进制时，将每 3 位二进制数用 1 位八进制数表示即可(观察划线部分)，注意要以小数点为分界线分别向左和向右表示。

例 1.11

写出下列数的原码、反码及补码表示(设机器数字长为 8 位)。

+24，-24，+0，-0，+1，-1，+127，-127

解：首先将所给的数转换为二进制数，然后根据原码、反码和补码的表示法及其字长，写出指定数据的原码、反码和补码表示。

例如，写出"+24"、"-24"的原码、反码和补码，表示如下：

(1) 写出 24 的二进制数表示：24D=00011000B

(2) [+24]原=00011000B　　　[-24]原=10011000B

最高位(D7)为符号位，为 1 表示负数，为 0 表示正数，其余 7 位为 24 对应的二进制数值位。

(3) [+24]反=00011000B　　　[-24]反=11100111B

正数的反码就是正数的原码，负数的反码等于负数的原码的符号位不变，其余 7 位数值位取反。

(4) [+24]补=00011000B　　　[-24]补=11101000B

正数的补码就是正数的原码，负数的补码等于负数的原码的符号位不变，其余 7 位数值位取反，并且在末位加 1。

依照上述方法，可写出其余各数的原码、反码及补码表示：

0D=00000000；　　[+0]原=00000000B；[+0]反=00000000B；[+0]补=00000000B；

[-0]原=10000000B；[-0]反=11111111B；[- 0]补=00000000B；

1D=00000001；　　[+1]原=00000001B；[+1]反=00000001B；[+1]补=00000001B；

[-1]原=10000001B；[-1]反=11111110B；[-1]补=11111111B；

127D=11111111；　[+127]原=01111111B；[+127]反=01111111B；[+127]补=01111111B

[-127]原=11111111B；[-127]反=10000000B；[-127]补=10000001B。

注意：解答这类题时，要注意正数的原码、反码和补码表示形式是一样的，千万不要用求负数的原码、反码和补码表示方法来做。

例 1.12

已知 X= -101011B，Y= +101100B，机器数的字长为 8 位，求[X+Y]补，X+Y，[X-Y]补，X-Y。

解：

(1) 求出[X]原，[Y]原

[X]原= 10101011B　　　[Y]原=00101100B

(2) 求出[X]补，[Y]补

[X]补= 11010101B　　　[Y]补=00101100B

(3) 求出[X+Y]补

[X+Y] 补= [X] 补+[Y] 补=11010101B + 00101100B=00000001

(4) 求出 X+Y

根据[X+Y]补求出 X+Y。其符号位为"0"表示结果为正,其余 7 位就是 X+Y 的值。所以 X+Y=1D。

(5) 求出[X-Y]补

[X-Y] 补= [X] 补-[Y] 补=11010101B - 00101100B=10101001B

(6) 求出 X-Y

根据[X-Y]补求出 X-Y。其符号位为"1"表示结果为负,其余 7 位二进制数按位取反后,末位再加"1"可得到 X-Y 的值。所以 X-Y= -87D。

注意: 计算时要注意补码的求法及补码加减法的规则。

例 1.13

完成下列 BCD 码运算,64+56=＿＿＿＿,64-56=＿＿＿。

解:

(1) 将给定的十进制数用 BCD 码表示

64D=01100100 BCD

56D=01010110 BCD

(2) 进行 BCD 加法运算得到加法中间结果

01100100BCD+01010110BCD=10111010BCD

(3) 调整得到加法最终结果

十进制调整的方法:

运算后低 4 位=1010,超过 1001,低 4 位加 6;运算后高 4 位=1011,超过 1001,高 4 位加 6。

10111010BCD+01100110BCD=00100000BCD,CF=1。

(4) 64+56=(1)20,其中百位为进位位。

(5) 进行 BCD 减法运算得到减法中间结果

01100100BCD-01010110BCD=00001110BCD

(6) 调整得到减法最终结果

十进制调整的方法:运算后低 4 位=1110,超过 1001,低 4 位减 6;运算后高 4 位=0000,不超过 1001,高 4 位减 0。

00001110BCD-00000110BCD=00001000BCD。

(7) 64-56=8

注意: 本题中 BCD 的加减法运算仍采用二进制运算规则,得到的数为十六进制数,需要进行十进制调整。这部分内容将在下一章讲解。

例 1.14

概述计算机的基本组成部件及其各组成部件的功能。

答：一台计算机由控制器、运算器、存储器、输入设备和输出设备组成。

(1) 存储器

存储器是用来存放数据、程序、运算的中间结果和最终结果的部件。存储器采用按地址存取的工作方式，它由许多存储单元组成，每一个存储单元可以存放一个数据代码。为了区分不同存储单元，把全部存储单元按照一定的顺序编号。这个编号称为存储单元的地址。当 CPU 要把一个数据代码存入某存储单元或从某存储单元取出时，首先要提供该存储单元的地址，然后查找相应的存储单元，最后才能进行数据的存取。

(2) 运算器

运算器是对信息进行加工、运算的部件，它对二进制进行基本逻辑运算和算术运算，将结果暂存或送到存储器保存。

(3) 控制器

控制器是计算机的控制中心。存储器进行信息的存取，运算器进行各种运算，信息的输入和输出都是在控制器的统一控制下进行的。控制器的工作就是周而复始地从存储器中取指令、分析指令，向运算器、存储器以及输入输出设备发出控制命令，控制计算机工作。

(4) 输入设备

程序员编好的程序和数据是经输入设备送到计算机中去的。输入设备要将程序和数据转换为计算机能识别和接受的信息，如电信号等。目前常用的输入设备有键盘、鼠标、扫描仪等。

(5) 输出设备

输出设备是把运算结果转换为人们所需要的易于理解、阅读的形式。目前常用的输出设备包括显示器、打印机、绘图仪等。软磁盘、硬磁盘、可读写光盘及其驱动器既是输入设备也是输出设备，只读光盘及其驱动器属于计算机的输入设备。软盘、硬盘及光盘又统称为计算机的外存储器。

1.4　重要习题与考研题解析

例 1.15

(上海大学 2001 年考研题)下列无符号数中，最大的数是(　　　)。

A. (1100110)二进制数　　　　　　　　　B. (143)八进制数

C. (10011000) BCD　　　　　　　　　　D. (65)十六进制数

分析：本题主要考查不同进制下数的大小，即考查学生对各种进制之间的互换掌握程度。可考虑都转换为二进制。

(1) 143Q=1100011B

65H=1100101B

可以看出 A、B、D 中 A 最大。

(2) (10011000)BCD=98D=62H=1100010B<1100110B

所以正确答案为 A。

注意: BCD 码是按位对十进制数进行二进制编码,在形式上与十六进制非常相似。一定要注意差别,它们都可用 4 位二进制数表示 1 个数位,但 BCD 码是"逢十进一",在微机中运算需要进行十进制调整,而十六进制则不用。

BCD 码在存放上又有两种形式:一个字节放两位 BCD 码,称为压缩的 BCD 码;一个字节放一位 BCD 码,称为非压缩的 BCD 码(放在低 4 位)。

例 1.16

(北京航空航天大学 2003 年考研题)十进制数 574 在机器中对应的二进制数为＿＿＿,压缩的 BCD 码为＿＿＿＿,按字符存储时 ASCII 码为＿＿＿＿。

分析: 本题主要考查数制转换和编码知识。

(1)

```
16 | 574    ……14
   16 | 35    …… 3
      16 | 2    …… 2
           0
```

逆取法得 574=23EH=10 0011 1110B

(2) 对压缩的 BCD 码,一个字节存放了两位 BCD 码

574BCD=0574H

(3) 数字 0～9 的 ASCII 码编码是 30H～39H

574 用 ASCII 码表示为:353734H

所以正确答案为:1000111110B,0574H,353734H

例 1.17 (北京邮电大学 2002 年考研题)若[X]原=[Y]反=[Z]补=90H,试用十进制数分别写出其大小,X=＿＿;Y=＿＿;Z=＿＿。

分析: 本题主要考查如何从原码、反码和补码求其真值。

(1) [X]原=90H=10010000B

符号位(D7)为 1,X 为负数。

根据原码的编码规则可知,数值位为 0010000B = 10H = 16D,所以 X = -16。

(2) [Y]反=90H=10010000B

符号位(D7)为 1,Y 为负数。

根据反码的编码规则可知,对其余七位按位取反,即可得到其数值 1101111B = 111D,所以 Y = -111。

(3) [Z]补=90H=10010000B

符号位(D7)为 1,Z 为负数。

求负数的补码的真值可采用求补的概念,即一个以补码表示的数,无论其正负,对其

求补(包括符号位)，所得的结果为该数的相反数。负数的相反数是正数，正数的补码和原码相同。

10010000B 取反加一可得 01110000B=112D

所以 Z=-112。

注意： 对编码求真值的题型，先判断其符号，再转换为原码求得数值位(或其绝对值)。一个以原码表示的数，不论其正负，对其最高位求反，所得到的结果是该数的相反数；一个以反码表示的数，不论其正负，对其按位求反，所得到的结果是该数的相反数；一个以补码表示的数，无论其正负，对其求补(包括符号位)，所得的结果为该数的相反数。

例 1.18

(华东理工大学 2003 年考研题)X=-127，Y=-1，若字长 N=8，则：

$[X]_{补}$=_____H，$[X]_{补}$=_____H，$[X+Y]_{补}$=_____H，$[X-Y]_{补}$=_____H。

分析： 本题主要考查的是二进制的加减法规则及补码的求法。

(1) 根据例 1.11 可以得到 X=-127，$[X]_{补}$=10000001B=81H，$[Y]_{补}$=11111111B=FFH。

(2) 求$[X+Y]_{补}$=?

根据$[X+Y]_{补}$=$[X]_{补}$+$[Y]_{补}$，可得：$[X]_{补}$+$[Y]_{补}$=10000001B+11111111B

```
      1 0 0 0 0 0 0 1
  +   1 1 1 1 1 1 1 1
      1 1 1 1 1 1 1 1      进位
      1 0 0 0 0 0 0 0
```

$[X+Y]_{补}$=10000000B=80H，其中进位位为 1，D_6 向 D_7 位也有进位，结果无溢出。

(3) 求$[X-Y]_{补}$=?

根据$[X-Y]_{补}$=$[X]_{补}$-$[Y]_{补}$，可得：$[X]_{补}$-$[Y]_{补}$=10000001B-11111111B

```
      1 0 0 0 0 0 0 1
  -   1 1 1 1 1 1 1 1
      1 1 1 1 1 1 1 1      借位
      1 0 0 0 0 0 1 0
```

$[X-Y]_{补}$=10000010B=82H，其中借位位为 1，D_6 向 D_7 位也有借位，结果无溢出。

所以答案为：81H，FFH，80H，82H。

1.5　习题及参考答案

1.5.1　习题

一、完成下列数制转换。

(1) 101.011B=_____D=_____Q=_____H。

(2) 101110B=_____D=_____Q=_____H。

(3) 1101.01B=_____D=_____Q=_____H。

(4) 10011010.1011B=_____D=_____Q=_____H。

(5) 253.74Q=_____D=_____B=_____H。

(6) 712Q=_____D=_____B=_____H。

(7) 72D=_____B=_____Q=_____H。

(8) 49.875D=_____B=_____Q=_____H。

(9) 0.6875D=_____B=_____Q=_____H。

(10) 58.75D=_____B=_____Q=_____H。

(11) 0E12H=_____D=_____Q=_____B。

(12) 1CB.D8H=_____D=_____Q=_____B。

(13) FF.1H=_____D=_____Q=_____B。

(14) 70ADH=_____D=_____Q=_____B。

二、给出下列数的原码和补码的二进制表示(设机器数字长为8)。

(1) −38D　　　　　　(2) 32D

(3) −63D　　　　　　(4) −64D

(5) −0D　　　　　　 (6) 42D

(7) −45D　　　　　　(8) −45D

(9) −72D　　　　　　(10) 72D

(11) −1111111B　　　(12) +1001100B

三、已知 X,Y,求[X+Y]$_{补}$=？,X+Y=？[X-Y]$_{补}$=？,X−Y=？并指出结果是否有溢出(设机器数字长为8)?

(1) X= 68D,Y=12D

(2) X= −32D,Y=13D

(3) X= −32D,Y=66D

(4) X= −66H,Y=44H

(5) X= −0110110B,Y= −0100001B

(6) X= +1110110B,Y= −0100001B

(7) X= −1010111B,Y= +1010101B

(8) X= +1011101B,Y= +1010101B

四、将下列压缩的 8421BCD 码表示成十进制数和二进制数(设机器数字长为8)。

(1) 10010100BCD　　　　(2) 01101000BCD

(3) 00010101BCD　　　　(4) 01001000BCD

五、将下列数值或字符串表示为相应的 ASCII 码。

(1) 空格　　　　　　　　(2) 字母"Q"

(3) 51　　　　　　　　　(4) Hello!

1.5.2　参考答案

一、完成下列数制转换。

(1) 101.011B=5.375D=5.3Q=5.6H

(2) 101110B=46D=56Q=2EH

(3) 1101.01B=13.25D=15.2Q=D.4H

(4) 10011010.1011B=154.6875D=232.54Q=9A.B H

(5) 253.74Q=171.9375D=10101011.1111B=AB.F H

(6) 712Q=458D=111001010B=1CAH

(7) 72D=1001000B=110Q=48H

(8) 49.875D=11001.111B=61.7Q=31.E H

(9) 0.6875D=0.1011=0.54Q=0.BH

(10) 58.75D=111010.11 B=72.6 Q= 3A.CH

(11) 0E12H=3602D=7022Q=111000010010B

(12) 1CB.D8H=459.84375D=713.66Q=111001011.11011B

(13) FF.1H=255.0625D=377.04Q=11111111.0001B

(14) 70ADH=28845D=70255Q=111000010101101B

二、给出下列数的原码和补码的二进制表示(设机器数字长为 8)。

(1) [−38D]$_原$=10100110B　　[−38D]$_反$=11011001B　　[−38D]$_补$=11011010B

(2) [32D]$_原$=00100000B　　[32D]$_反$=00100000B　　[32D]$_补$=00100000B

(3) [−63D]$_原$=10111111B　　[−63D]$_反$=11000000B　　[−63D]$_补$=11000001B

(4) [−64D]$_原$=11000000B　　[−63D]$_反$=10111111B　　[−63D]$_补$=11000000B

(5) [−0D]$_原$=10000000B　　[−0D]$_反$=11111111B　　[−0D]$_补$=00000000B

(6) [42D]$_原$=00101010B　　[42D]$_反$=00101010B　　[42D]$_补$=00101010B

(7) [−45D]$_原$=10101101B　　[−45D]$_反$=11010010B　　[−45D]$_补$=11010011B

(8) [45D]$_原$=00101101B　　[45D]$_反$=00101101B　　[45D]$_补$=00101101B

(9) [−72D]$_原$=11001000B　　[−72D]$_反$=10110111B　　[−72D]$_补$=10111000B

(10) [72D]$_原$=01001000B　　[72D]$_反$=01001000B　　[72D]$_补$=01001000B

(11) [−1111111B]$_原$=11111111B；[−1111111B]$_反$=10000000B；[−1111111B]$_补$=10000001B

(12) [+1001100B]$_原$=01001100B；[+1001100B]$_反$=01001100B；[+1001100B]$_补$=01001100B

三、已知 X，Y，求[X+Y]$_补$= ？ ，X+Y= ？ [X−Y]$_补$= ？ ，X−Y= ？ 并指出结果是否有溢出？

(1)[X+Y]$_补$= 50H，　　　　X+Y=80D　　　　　　结果无溢出。

　　[X−Y]$_补$= 38H，　　　　X−Y=56D，　　　　　结果无溢出。

(2)[X+Y]$_补$= EDH，　　　　X+Y=−19D，　　　　结果无溢出。

　　[X−Y]$_补$= D3H，　　　　X−Y= −45D，　　　　结果无溢出。

(3)[X+Y]$_补$= 22H，　　　　X+Y=34D，　　　　　结果无溢出。

$$[X-Y]_{补}=9\mathrm{EH},\qquad X-Y=-98D,\qquad 结果无溢出。$$

(4) $[X+Y]_{补}=\mathrm{DEH},\qquad X+Y=-34D,\qquad 结果无溢出。$

$\quad\ [X-Y]_{补}=56\mathrm{H},\qquad X-Y=-170D,\qquad 结果有溢出。$

(5) $[X+Y]_{补}=\mathrm{A9H},\qquad X+Y=-87D,\qquad 结果无溢出。$

$\quad\ [X-Y]_{补}=\mathrm{EBH},\qquad X-Y=-21D,\qquad 结果无溢出。$

(6) $[X+Y]_{补}=55\mathrm{H},\qquad X+Y=85D,\qquad 结果无溢出。$

$\quad\ [X-Y]_{补}=97\mathrm{H},\qquad X-Y=151D,\qquad 结果有溢出。$

(7) $[X+Y]_{补}=\mathrm{FEH},\qquad X+Y=-2D,\qquad 结果无溢出。$

$\quad\ [X-Y]_{补}=54\mathrm{H},\qquad X-Y=-172D,\qquad 结果有溢出。$

(8) $[X+Y]_{补}=\mathrm{B2H},\qquad X+Y=178D,\qquad 结果有溢出。$

$\quad\ [X-Y]_{补}=08\mathrm{H},\qquad X-Y=8D,\qquad 结果无溢出。$

四、将下列压缩的 8421BCD 码表示成十进制数和二进制数。

(1) 10010100BCD=94D=01011110B

(2) 01101000BCD=68D=01000100B

(3) 00010101BCD=15D=00001111B

(4) 01001000BCD=48D=00110000B

五、将下列数值或字符串表示为相应的 ASCII 码。

(1) 00H

(2) 51H

(3) 3531H

(4) 48656C6C6F21H

第2章 微处理器的结构

2.1 基本知识点

2.1.1 8086/8088 CPU 的结构

8086/8088 CPU 的内部结构

8086/8088 CPU 的内部由两个独立的工作部件构成，分别是总线接口部件 BIU(Bus Interface Unit)和执行部件 EU(Execution Unit)，如图 2-1 所示。图中虚线右半部分是 BIU，左半部分是 EU。两者并行操作，提高了 CPU 的运行效率。

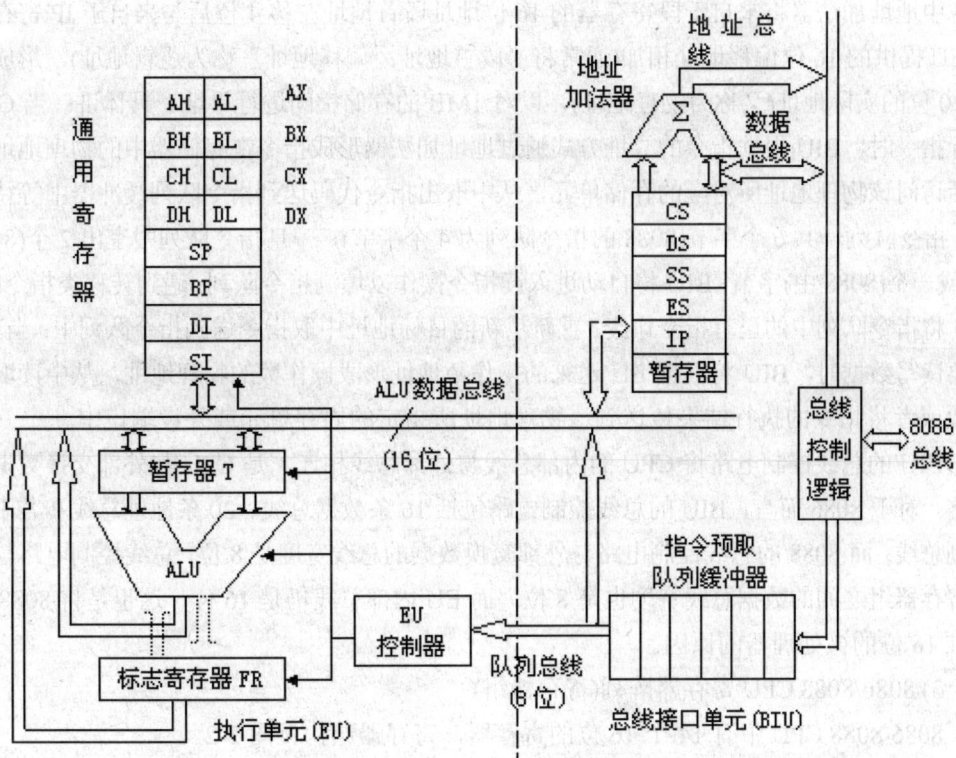

图 2-1 8086/8088 CPU 内部结构

1) 指令执行部件

指令执行部件 EU 主要由算术逻辑运算单元 ALU、标志寄存器 FR、通用寄存器组和 EU 控制器等四个部件组成。其主要功能是执行命令。一般情况下指令顺序执行，EU 可不断地从 BIU 指令队列缓冲器中取得执行的指令，连续执行指令，而省去了访问存储器取指令所需的时间。如果指令执行过程中需要访问存储器存取数据，只需要将要访问的地址送给 BIU，等待操作数到来后再继续执行。遇到转移类指令时则将指令队列中的后续指令作废，等待 BIU 重新从存储器中取出新的指令代码进入指令队列缓冲器后，EU 才能继续执行指令。这种情况下，EU 和 BIU 的并行操作会受到一定的影响，但只要转移类指令出现的频率不是很高，两者的并行操作仍能取得较好的效果。

EU 中的算术逻辑运算部件 ALU 可完成 16 位或 8 位二进制数的运算，运算结果一方面通过内部总线送到通用寄存器组或 BIU 的内部寄存器中以等待写到存储器；另一方面影响状态标志寄存器 FR 的状态标志位。16 位暂存器用于暂时存放参加运算的操作数。

EU 控制器则负责从 BIU 的指令队列缓冲器中取指令、分析指令(即对指令译码)，然后根据译码结果向 EU 内部各部件发出控制命令以完成指令的功能。

2) 总线接口部件 BIU

总线接口部件 BIU 主要有地址加法器、专用寄存器组、指令队列缓冲器以及总线控制电路等四个部件组成。其主要功能是负责完成 CPU 与存储器或 I/O 设备之间的数据传送。BIU 中地址加法器将来自于段寄存器的 16 位地址段首地址左移 4 位后与来自于 IP 寄存器或 EU 提供的 16 位偏移地址相加(通常将“段首地址：偏移地址”称为逻辑地址)，形成一个 20 位的实际地址(又称为物理地址)，以对 1MB 的存储空间进行寻址。具体讲：当 CPU 执行指令时，BIU 根据指令的寻址方式通过地址加法器形成指令在存储器中的物理地址，然后访问该物理地址所对应的存储单元，从中取出指令代码送到指令队列缓冲器中等待执行。指令队列一共 6 个字节(8088 的指令队列为 4 个字节)，一旦指令队列中空出 2 个(8086中)或一个(8088 中)字节，BIU 将自动进入读指令操作以填满指令队列；遇到转移类指令时，BIU 将指令队列中的已有指令作废，重新从新的目标地址中取指令送到指令队列中；当 EU 需要读写数据时，BIU 将根据 EU 送来的操作数地址形成操作数的物理地址，从中读取操作数或者将指令的执行结果传送到该物理地址所指定的内存单元或外设端口中。

BIU 的总线控制电路将 CPU 的内部总线与外部总线相连，是 CPU 与外部交换数据的通路。对于 8086 而言，BIU 的总线控制电路包括 16 条数据总线、20 条地址总线和若干条控制总线；而 8088 的总线控制电路与外部交换数据的总线宽度是 8 位，总线控制电路与通用寄存器组之间的数据总线宽度也是 8 位，而 EU 内部总线仍是 16 位，这也是将 8088 称为准 16 位的微处理器的原因。

3) 8086/8088 CPU 寄存器阵列(寄存器组)

8086/8088 CPU 中有 14 个 16 位的寄存器，寄存器结构见图 2-2。

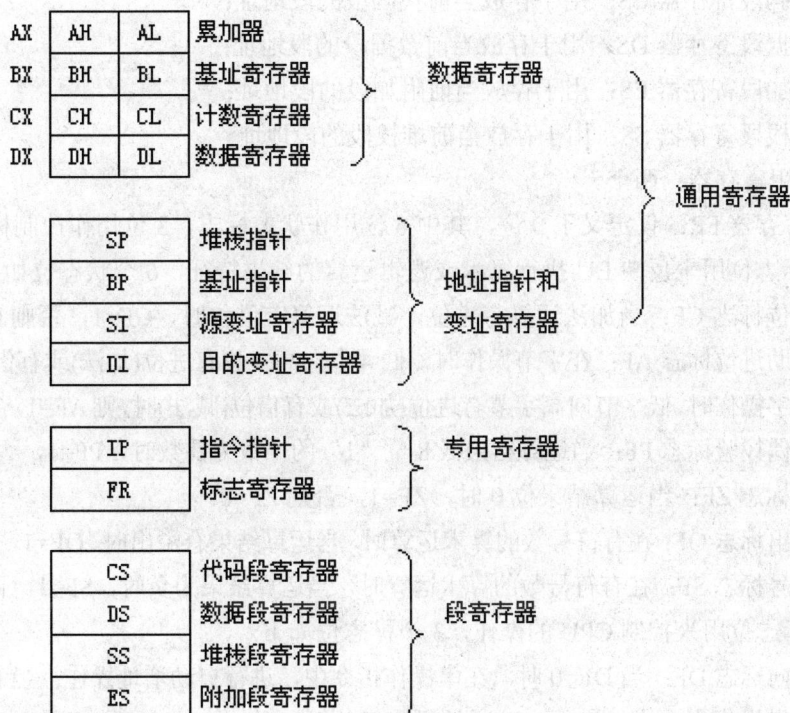

图 2-2　8086/8088 CPU 寄存器结构

① 通用寄存器：8 个，分为两组：

数据寄存器：累加器 AX、基址寄存器 BX、计数寄存器 CX、数据寄存器 DX，每个数据寄存器可存放 16 位操作数，也可拆成两个 8 位寄存器，用来存放 8 位操作数，AX、BX、CX、DX 分别可拆成 AH、AL、BH、BL、CH、CL、DH、DL，其中 AH、BH、CH、DH 为高八位，AL、BL、CL、DL 为低八位。

指针和变址寄存器：堆栈指针 SP、基址指针 BP、源变址寄存器 SI、目的变址寄存器 DI，可用来存放数据和地址，但只能按 16 位进行存取操作。

通用寄存器的特定用法见表 2-1。

表 2-1　数据寄存器隐含使用

寄　存　器	数　　　　据	寄　存　器	数　　　　据
AX	字乘、字除、字 I/O	CL	多位移位和循环移位
AL	字节乘、字节除、字节 I/O、查表转换、十进制运算	DX	间接 I/O 地址
AH	字节乘、字节除	SP	堆栈操作
BX	查表转换	SI	数据串操作
CX	数据串操作、循环	DI	数据串操作

② 段寄存器：4 个。

- 代码段寄存器 CS：用于存放当前代码段的段地址；
- 数据段寄存器 DS：用于存放当前数据段的段地址；
- 附加段寄存器 ES：用于存放当前附加段的段地址；
- 堆栈段寄存器 SS：用于存放当前堆栈段的段地址。

③ 专用寄存器：两个。

标志寄存器 FR：仅定义了 9 位，其中 6 位用作状态标志，3 位用作控制标志。

状态标志位用来反映 EU 执行算术或逻辑运算的结果特征，6 个状态位如下：

- 进位标志 CF：当加法运算有进位，减法运算有借位时，CF=1，否则 CF=0；
- 辅助进位标志 AF：在字节操作时，低 4 位向高 4 位有进位(加法)或有借位(减法)；在字操作时,低字节向高字节有进位(加法)或有借位(减法)时，则 AF=1,否则 AF=0。
- 奇偶校验标志 PF：当运算结果低 8 位 "1" 的个数为偶数时，PF=1，否则 PF=0。
- 零标志 ZF：当运算结果位 0 时，ZF=1，否则 ZF=0。
- 溢出标志 OF：在有符号数的算术运算时，当运算结果有溢出时，OF=1，否则 OF=0
- 符号标志 SF：在有符号数的算术运算时，当运算结果为负时，SF=1，否则 SF=0。

控制标志位用来控制 CPU 的操作，3 个标志位如下：

- 方向标志 DF：当 DF=0 时，在串操作指令中，进行自动增址操作；当 DF=1 时，在串操作指令中，进行自动减址操作；
- 中断允许标志 IF：当 IF=0 时，禁止 CPU 响应可屏蔽中断；当 IF=1 时，允许 CPU 响应可屏蔽中断；
- 单步陷阱标志 TF：当 TF=1 时，表示 CPU 进入单步工作方式；当 TF=0 时，表示 CPU 正常执行程序。

指令指针 IP：用来存放要取的下一条指令在当前代码段中的偏移地址，程序不能直接访问 IP，在程序运行过程中，BIU 可修改 IP 中的内容。

2.1.2　8086/8088 CPU 芯片的引脚及其功能

8086/8088 CPU 具有 40 条引脚，双列直插式封装，采用分时复用地址数据总线，从而使 8086/8088 CPU 用 40 条引脚实现 20 位地址、16 位数据、控制信号及状态信号的传输。

8086/8088 CPU 芯片可以在两种模式下工作，即最大模式和最小模式。

- 最大模式：指系统中通常含有两个或多个微处理器(即多微处理器系统)，其中一个主处理器就是 8086/8088 CPU，另外的处理器可以是协处理器 I/O 处理器。
- 最小模式：在系统中只有 8086/8088 一个微处理器。

1. 两种模式公用的引脚的定义

$AD_0 \sim AD_{15}$(Address/Data Bus)：分时复用的地址数据线，双向。

在了解分时复用概念之前，必须先了解总线周期概念。

总线周期：CPU 对存储单元或 I/O 端口每读/写一次数据(一个字节或一个字)所需的时间称为一个总线周期。通常情况下，一个总线周期分为 4 个时钟周期，即 T1、T2、T3、T4。

下面讲解 $AD_0 \sim AD_{15}$ 的具体分时复用的问题(8088 只有 $AD_7 \sim AD_0$)：

在 T1 期间作地址线 $A_{15} \sim A_0$ 用，此时是输出的(是存储单元的低十六位地址或 I/O 端口的十六位地址)；

在 T2～T4 期间作数据线 $D_{15} \sim D_0$ 用，此时是双向的。

$A_{19}/S_6 \sim A_{16}/S_3$：分时复用，输出引脚。

在 T1 期间，作地址线 $A_{19} \sim A_{16}$ 用，对存储单元进行读写时，高四位地址线由 $A_{19} \sim A_{16}$ 给出；　在 T2～T4 期间作为 $S_6 \sim S_3$ 状态线用。状态线的特征见表 2-2。

表 2-2　S_3、S_4 的代码组合与当前段寄存器的关系

S_4	S_3	当前使用的段寄存器
0	0	ES 段寄存器
0	1	SS 段寄存器
1	0	存储器寻址时，使用 CS 段寄存器； 对 I/O 或中断矢量寻址时，不需要用段寄存器
1	1	DS 段寄存器

S_5：用来表示中断允许状态位 IF 的当前设置。

S_6：恒为 "0"，以表示 CPU 当前连在总线上。

$\overline{BHE}/S_7$：三态输出，高 8 位数据总线有效/状态复用引脚(8088 是 $\overline{SS_0}/S_7$)。

在 T1 状态：作 $\overline{BHE}$ 用，该引脚为 0 时，表示高 8 位数据线上的数据有效。

在 T2～T4 状态：输出状态信号 S_7，未定义。

GND：地线(两个)，分别为引脚 1 和 20。

$\overline{RD}$：读，三态输出，当 $\overline{RD}=0$ 时，表示 CPU 当前正在读存储器或 I/O 接口。

READY：准备就绪，输入。当 CPU 要访问的存储器或 I/O 端口已准备好传送数据时，存储器或 I/O 端口置 READY=1，否则置 READY=0，CPU 在 T3 状态采样 READY，若 READY=0，则插入 Tw，然后在插入 Tw 状态继续采样 READY，直至 READY=1 为止，才进入 T4。

$\overline{TEST}$：输入，测试信号。当 CPU 执行 WAIT 指令时，CPU 每隔 5 个 T 对 TEST 进行一次测试，当测试到=1 时，CPU 重复执行 WAIT 指令，即 CPU 处于空闲等待状态，直到测试到 $\overline{TEST}=0$ 时，等待状态结束，CPU 继续执行后续指令。

INTR：输入，可屏蔽中断请求，高电平有效，当外设向 CPU 提出中断请求时，置 INTR=1，若此时 IF=1，则 CPU 响应中断。

NMI：输入，非可屏蔽中断请求，上升沿有效。只要 CPU 采样到 NMI 由低电平到高电平的跳变，不管 IF 的状态如何，CPU 都会响应。

RESET：输入，复位。该引脚保持 4T 状态以上时间高电平，则可复位，复位后，CPU 停止当前操作，且对 F、IP、DS、SS、ES 及指令队列缓冲器清零，而 CS 置为 FFFFH。复位后，CPU 从 FFFF0H 开始执行程序。

CLK：输入，时钟，它提供了处理器和总线控制器的定时操作，典型值为 8MHz。

Vcc：电源，+5V。

2. 最小模式控制信号引脚(当 MN/$\overline{MX}$ 接 Vcc 时)

系统控制线全部由 8086 CPU 发出。

HOLD：输入，总线请求。用于其他主控器(其他处理器、DMA 等)向本 CPU 请求占用总线。

HLDA：总线请求响应，输出。CPU 一旦检测到 HOLD=1 时，则在当前总线周期结束后，输出 HLDA=1，表示响应总线请求，并让出总线使用权给其他主控器，直至其他主控器用完总线后，HOLD 变为低电平，HLDA 才输出为低，本 CPU 重新占用总线。在总线响应期间，凡是三态的总线均处于高阻状态。

$\overline{WR}$：输出、三态，写。当 $\overline{WR}$=0 时，表示 CPU 当前正在写存储器或 I/O 端口。

M/$\overline{IO}$：三态、输出，存储器/IO 端口。当 M/$\overline{IO}$=1 时，表示 CPU 当前正在访问存储器，当 M/$\overline{IO}$=0 时，表示 CPU 当前正在访问 I/O 端口。

DT/$\overline{R}$：三态、输出，数据发送/接收控制信号。为提高 CPU 数据总线驱动能力，常常使用数据收发器(8286/8287)，DT/$\overline{R}$ 控制数据收发器的数据传送方向。若 DT/$\overline{R}$=1，表示 CPU 输出(发送)数据；当 DT/$\overline{R}$=0 时，表示 CPU 输入(接收)数据。

$\overline{DEN}$：三态、输出，数据允许信号，DEN 通常作为数据收发器的选通信号，仅当 DEN=0 时，才允许收发器收发数据。

ALE：输出，地址锁存允许，在任一总线周期的 T1 期间，ALE 均为高电平，表示当前地址/数据复用总线上输出的是地址信息，ALE 由高到低的下降沿把地址装入地址锁存器中。

$\overline{INTA}$：输出，中断响应。当 CPU 响应 INTR 时，置 $\overline{INTA}$=0，表示响应中断。

3. 最大模式控制信号引脚(当 MN/$\overline{MX}$ 接 GND 时)

系统控制线通过总线控制器 8288 产生，一般情况，当用多个微处理器组建系统时，采用最大模式。

$\overline{S_2}$、$\overline{S_1}$、$\overline{S_0}$：三态、输出，总线周期状态，用于和总线控制器 8288 的 S_2、S_1、S_0 相连接，使得 8288 对它们译码，以产生相应的控制信号，见表 2-3。

表 2-3　QS_1、QS_0 与队列状态

QS_1	QS_0	队 列 状 态
0	0	无操作
0	1	从队列中取出当前指令的第一个字节(操作码字节)
1	0	队列空，由于执行转移指令，队列重装填
1	1	从队列中取出指令的后续字节

$\overline{LOCK}$：三态、输出，总线封锁。当 $\overline{LOCK}$ =0 时，表示本 CPU 不允许其他主控器占用总线；当 CPU 执行加有 LOCK 前缀的指令期间，$\overline{LOCK}$ =0。

$\overline{RQ/GT_1}$、$\overline{RQ/GT_0}$：双向，总线请求/总线请求允许，输入时作总线请求，输出时作总线请求响应，均为低电平有效，三态，其中 $\overline{RQ/GT_1}$ 比 $\overline{RQ/GT_0}$ 有较高优先级。

QS_1、QS_0：输出，指令队列状态信号。以便外部主控设备对 CPU 内部的指令队列进行跟踪。

4. 8086 和 8088 CPU 在外部引脚上的区别

① 8086 有 16 根数据线，与地址线 $A_{15} \sim A_0$ 分时复用，而 8088 只有 8 根数据线，与地址线 $A_7 \sim A_0$ 分时复用。

② 8086 有 $\overline{BHE}$，一次可读 8 位或 16 位，而 8088 没有 $\overline{BHE}$，有状态线 $\overline{SS0}$ 输出。

2.1.3　8086/8088 存储器的结构

1. 存储器地址空间与数据存储格式

1) 地址空间：1MB。地址范围：00000H~FFFFFH。

2) 数据存储格式。

每个存储单元存储一个字节的数据，存取一个字节的数据需要一个总线周期。两个相邻的字节定义为一个字。每一个字的低字节存放在低地址中，高字节存放在高地址中，并以低字节的地址作为字地址。若字地址为偶地址，则称为对准字存放，存取一个字也只需要一个总线周期；若字地址为奇地址，则称为非对准字存放，存取一个非对准字需要两个总线周期。见表 2-4。

表 2-4　$\overline{BHE}$ 和 AD_0 的不同组合状态

操　　作	$\overline{BHE}$	AD_0	使用的数据引脚
读或写偶地址的一个字	0	0	$AD_{15} \sim AD_0$
读或写偶地址的一个字节	1	0	$AD_7 \sim AD_0$
读或写奇地址的一个字节	0	1	$AD_{15} \sim AD_0$
读或写奇地址的一个字	0	1	$AD_{15} \sim AD_8$（第一个总线周期放低位数据字节）
	1	0	$AD_7 \sim AD_0$（第二个总线周期放高位数据字节）

2. 存储器的组成

1MB 存储空间分成两个 512KB 存储器，即：

● 偶地址存储器：(A_0=0)，其数据线与 8086 CPU 系统的 $D_7 \sim D_0$ 相连，A_0=0 用于片选。

- 奇地址存储器: $(A_0=1)$,其数据线与 8086 CPU 系统的 $D_{15} \sim D_8$ 相连,$\overline{BHE}=0$ 用于片选。

3. 存储器分段

由于 CPU 内部寄存器是 16 位,只能寻址 64KB,故把 1MB 存储空间划分为四个逻辑段,逻辑段彼此独立,但可紧密相连,也可重叠,在整个 1MB 存储空间浮动,仅需要改变段寄存器内容。一般把存储器划分为:程序区、数据区和堆栈区。这样,就可以在 程序区中存储程序的指令代码,在数据区中存储原始数据、中间结果和最后结果,在堆栈区中存储压入堆栈的数据或状态信息。8086/8088 CPU 通常按信息特征区分段寄存器的作用,如 CS 提供程序存储区的段地址,DS 和 ES 提供存储源和目的数据区的段地址,SS 提供堆栈区的段地址。

由于系统中只设有 4 个段寄存器,因此任何时候 CPU 只能识别当前可寻址的 4 个逻辑段。如果程序量或数据量很大,超过 64K 字节,那么可定义多个代码段、数据段、附加段和堆栈段,但 4 个段寄存器中必须是当前正在使用的逻辑段的基地址,需要时可修改这些段寄存器的内容,以扩大程序的规模。

- 段地址:每个逻辑段起始地址的高 16 位,即段寄存器的内容,无符号数。
- 段基地址:每个逻辑段起始地址。
- 逻辑地址:段地址,偏移地址。
- 物理地址:存储单元的实际地址,物理地址=段地址*16+偏移地址。
- 偏移地址:相对段基地址的偏移量,无符号数,也称有效地址 EA。

4. 堆栈段

堆栈是以"后进先出"的原则暂存一批需要保护的数据或地址的一个特定存储区。

堆栈段段地址由 SS 提供,偏移地址由 SP 提供,SP 始终指向栈顶。堆栈操作有压栈(PUSH)和出栈(POP)两种,均以字为单位。

压栈过程:例如 PUSH AX

① SP←SP-1

② (SP)←AH

③ SP←SP-1

④ (SP)←AL

出栈过程:例如 POP BX

① BL←(SP)

② SP←SP+1

③ BH←(SP)

④ SP←SP+1

2.1.4　总线结构和总线周期

1. 总线系统结构

系统总线指微机系统所采用的总线，一般是由 CPU 总线经过驱动器、总线控制器等芯片的变换而形成的，有了系统总线，CPU 才能外接不同容量的存储器和不同容量的 I/O 端口，组成不同规模的微机系统。

(1) 最小模式系统总线的形成

应用于单一的微机处理系统，CPU 引脚 MN/$\overline{MX}$ 接 Vcc，见图 2-3。

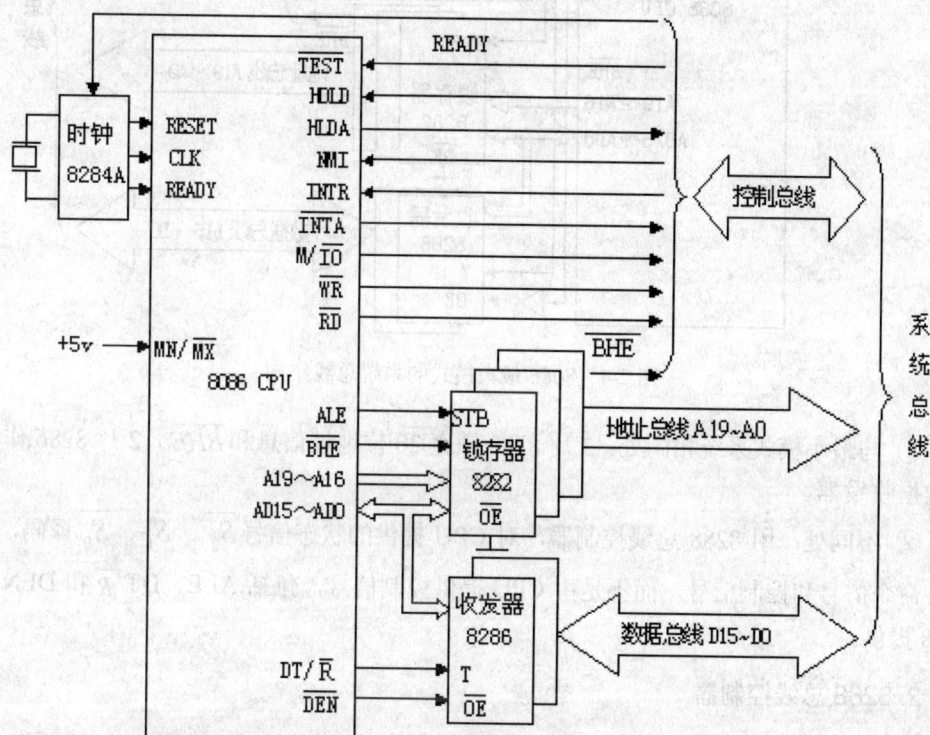

图 2-3　8086 最小模式的系统总线结构

图 2-3 中，3 片 8282 锁存 20 位地址信息和 $\overline{BHE}$，之所以要锁存，是鉴于 $AD_{15}\sim AD_0$、$A_{19}/S_6\sim A_{16}/S_3$、$\overline{BHE}/S_7$ 都是分时复用线，在 T1 状态 ALE 作用下将这些信息锁存以备用，还可以提高地址总线驱动能力。2 片 8286 作为 16 位数据收发器，由 CPU 的控制信号 $\overline{DEN}$ 和 DT/$\overline{R}$ 分别控制 8286 工作和数据传送方向。

系统控制线由 CPU 直接提供。

(2) 最大模式系统总线的形成

应用于多微机处理系统，通常以 8086/8088 CPU 为中心，增设总线控制器 8288，一个总线仲裁器 8289，还包含其他微处理器(如 8287 数值协处理器和 8289I/O 处理器)CPU 引脚 MN/$\overline{MX}$ 接 GND，见图 2-4。

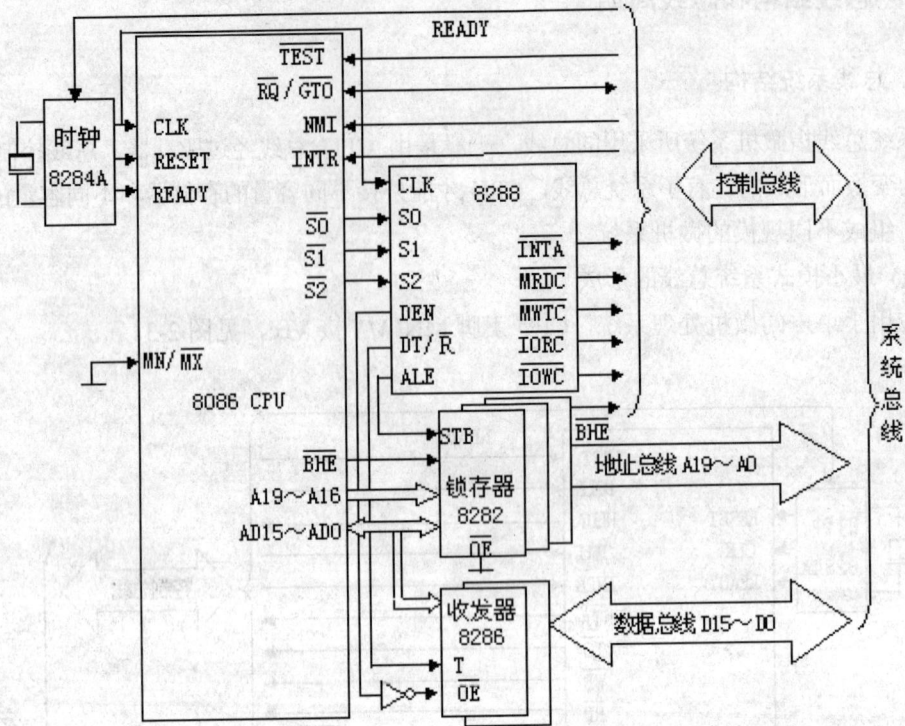

图 2-4   8086 最大模式的系统总线结构

① 与最小模式系统相同处：3 片 8282 锁存 20 位地址信息和 $\overline{BHE}$，2 片 8286 作为 16 位数据收发器。

② 不同处：用 8288 总线控制器，对 CPU 提供的状态信号 $\overline{S_2}$、$\overline{S_1}$、$\overline{S_0}$ 译码，产生各种命令信号和控制信号，而不是由 CPU 提供控制信号，包括 ALE、DT/$\overline{R}$ 和 DEN 均由 8288 提供。

2. 8288 总线控制器

状态信号与总线命令信号的对应关系见表 2-3。

命令信号：

$\overline{MRDC}$：读存储器命令，此命令有效时，把被选中的存储单元中的数据读到 DB 上。

$\overline{IORC}$：读 I/O 端口命令，此命令有效时，把被选中的 I/O 端口之中的数据输入到 DB 上。

$\overline{MWTC}$：写存储器命令，此命令有效时，把 DB 上的数据写到所选中的存储单元中。

$\overline{IOWC}$：写 I/O 端口命令，此命令有效时，把 DB 上的数据写到所选中的 I/O 端口中。

$\overline{AMWC}$：超前写存储器命令，只是提前 $\overline{MWTC}$ 一个 T 状态出现，其他相同。

$\overline{AIOWC}$：超前写 I/O 端口命令，只是提前 $\overline{IOWC}$ 一个 T 状态出现，其他相同。

$\overline{INTA}$：中断响应信号，与最小模式 CPU 提供的 $\overline{INTA}$ 相同。

控制信号 ALE、DT/$\overline{R}$、DEN：与最小模式中 CPU 发出的相同，仅 DEN 极性相反。

3. 总线周期时序

时钟信号 CLK：时钟信号的周期也称为状态周期 T，它是微处理器的最小动作单位时间；

指令周期：执行一条指令所需的时间，由若干总线周期组成；

总线周期：CPU 访问存储器或 I/O 端口一次所需的时间，至少 4 个 T 状态。 以最小模式系统中 CPU 读总线周期为例，见图 2-5。

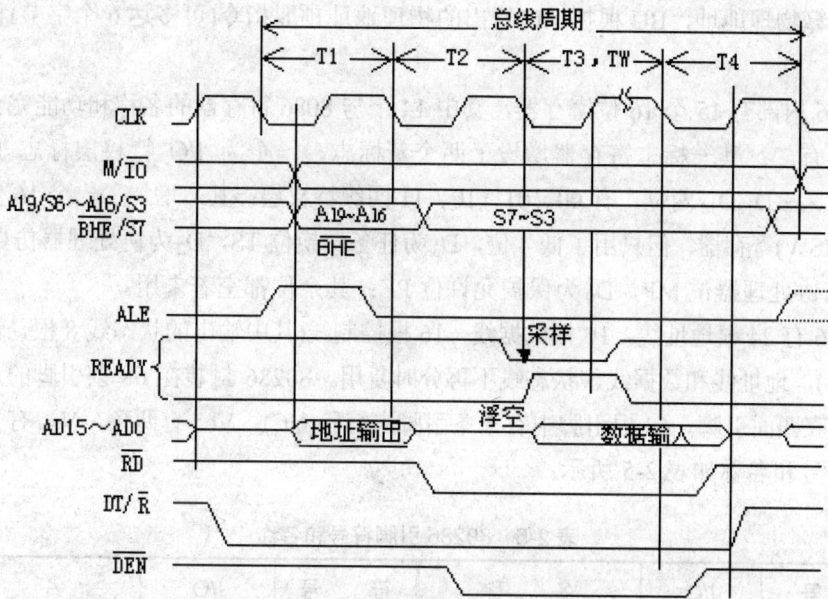

图 2-5　8086 读总线周期时序图(最小模式)

T1 状态：CPU 发存储单元 20 位或 I/O 端口 16/8 位地址信息和 $\overline{BHE}$ 信号，并发地址锁存允许 ALE，将地址信息和 $\overline{BHE}$ 信号锁存到外部 8282 中。CPU 通过发 M/$\overline{IO}$ 信号确定是读存储器还是读 I/O 端口。

T2 状态：$AD_{15}\sim AD_0$ 高阻，$S_7\sim S_3$ 状态信息输出，同时发 $\overline{RD}$=0，启动所选中的存储单元或 I/O 端口。

T3 状态前沿(下降沿)：CPU 采样 READY，若所选中的存储单元或 I/O 端口能在 T3 期间准备好数据，则 READY=1；否则置 READY=0。T3 过后插入 Tw，CPU 再在插入 Tw 下降沿采样 READY，直至 READY=1 为止。选中的存储单元或 I/O 端口把数据送到 DB 上。

T3 状态后沿或插入 Tw 后沿(上升沿)：CPU 在发 DT/$\overline{R}$=0 和 $\overline{DEN}$=0 的情况下，读数据总线。

T4 状态：结束总线周期。

2.1.5　微处理器的发展

随着 VLSI 大规模集成电路和计算机技术的飞速发展，微处理器的面貌日新月异，从单片集成上升到系统集成，性能价格比不断提高，微处理器字长从 4 位→8 位→16 位→32 位→64 位，工作频率从不到 1MHz 到目前的 1.3GHz，发展之快，匪夷所思。

1. 80286 微处理器

80286 芯片内含 13.5 万个晶体管，集成了存储管理和存储保护结构，80286 将 8086 中 BIU 的 EU 两个处理单元进一步分离成四个处理单元，它们分别是总线单元 BU、地址单元 AU、指令单元 IU 和执行单元 EU。BU 和 AU 的操作基本上和 8086 的 BIU 一样，AU 专门用来计算物理地址，BU 根据 AU 算出的物理地址预取指令(可多达 6 个字节)和读写操作数。

80286 内部有 15 个 16 位寄存器，其中 14 个与 8086 寄存器的名称和功能完全相同。不同之处有二：其一标志寄存器增设了两个新标志，一个为 I/O 特权层标志 IOPL(I/O Privilege)，占 $D_{13}D_{12}$ 两位，有 00、01、10、11 四级特权层；其二增加了一个 16 位的机器状态字(MSW)寄存器，但只用了低 4 位，D_3 为任务转换位 TS，D_2 为协处理器仿真位 EM，D_1 为监督协处理器位 MP，D_0 为保护允许位 PE；其余位都空着未用。

80286 有 24 根地址线，16 根数据线，16 根控制线(其中输出的状态线 8 根，输入的控制线 8 根)，地址线和数据线、状态线不再分时复用。80286 封装在 68 条引脚的正方形管壳中，管壳四面引脚。68 根引脚中有 5 条引脚未编码(NC)，Vcc 有两条，Vss 有 3 条，各引脚的符号和名称如表 2-5 所示。

表 2-5　80286 引脚符号和名称

符　号	I/O	名　称	符　号	I/O	名　称
CLK	I	系统时钟	INTR	I	中断请求
$D_{15} \sim D_0$	I/O	数据总线	NMI	I	不可屏蔽中断请求
$A_{23} \sim A_0$	O	地址总线	PEREQ	I	协处理器操作数请求
$\overline{BHE}$	O	总线高字节有效	$\overline{PEACK}$	O	协处理器操作数响应
$\overline{S_1}$、$\overline{S_0}$	O	总线周期状态	$\overline{BUSY}$	I	协处理器忙
M/$\overline{IO}$	O	存储器/IO 选择	$\overline{ERROR}$	I	协处理器出错
COD/$\overline{INTA}$	O	代码/中断响应	RESET	I	系统总清
$\overline{LOCK}$	O	总线封锁	Vss	I	系统地
$\overline{READY}$	I	总线准备就绪	Vcc	I	+5V 电源
HOLD	I	总线保持请求	CAP	I	衬底滤波电容器
HLDA	O	总线保持响应			

80286 对 8086 基本指令集进行了扩展。

2. 80386 微处理

80386 CPU 内部结构由 6 个逻辑单元组成，它们分别是：总线接口部件 BIU(Bus Interface Unit)、指令预取部件 IPU(Instruction Prefetch Unit)、指令译码部件 IDU(Instruction

Decode Unit)、执行部件(Execution Unit)、分段部件(Segment Unit)、分页部件(Page Unit)。表 2-6 列出了 80386 引脚名称和功能。

表 2-6 80386 引脚名称和功能

信 号 名 称	信 号 功 能	有 效 状 态	输入/输出
CLK2	时钟	-	I
$D_{31} \sim D_0$	数据总线	-	IO
$\overline{BE3} \sim \overline{BE0}$	字节使能	低	O
$A_{31} \sim A_0$	地址总线	-	O
$W/\overline{R}$	写读指示	-	O
$D/\overline{C}$	数据-控制指示	-	O
$M/\overline{IO}$	存储器-I/O 指示	-	O
$\overline{LOCK}$	总线封锁指示	低	O
$\overline{ADS}$	地址状态	低	O
$\overline{NA}$	下地址请求	低	I
$\overline{BS}_{16}$	总线宽度 16 位	低	I

2.2 重点与难点

重点：掌握 8086 CPU 的寄存器结构、名称、作用，掌握 8086 CPU 存储器的组织、逻辑地址、物理地址及相互之间的关系，掌握最小工作模式和最大工作模式的异同点。

难点：8086 CPU 引脚功能，最小工作模式的典型连接电路；最小模式下的 8086 存储器读/写周期时序、I/O 端口读写时序、中断响应时序；地址锁存器 8282、双向总线收发器 8286 及总线控制器 8288 的功能特性。

2.3 典型例题精解

例 2.1

8086 CPU 由哪几部分组成？它们的主要功能是什么？

答：8086 CPU 是由总线接口单元 BIU 和指令执行单元 EU 两部分组成。BIU 和 EU 两部分的操作是并行的。

总线接口单元 BIU 是 CPU 与外部联系的通道。包括一组段寄存器、指令指针寄存器、6 字节的指令队列、20 位地址形成部件以及总线控制逻辑。其主要任务是完成从内存取指令，以及 CPU 与内存或 CPU 与 I/O 端口之间的数据交换。

指令执行单元 EU 具有指令译码、指令执行及指令运行过程控制等功能。包括一个 16

位的算术逻辑运算部件 ALU、一组通用寄存器、暂存器和 EU 控制器。各寄存器和内部数据通路都是 16 位。EU 的主要任务是从 BIU 的指令队列中取出指令、执行指令。在指令执行中需要与存储器或 I/O 端口传送数据时，EU 向 BIU 发出访问所需要的地址，在 BIU 中形成物理地址，然后访问存储器或 I/O 端口，取得操作数并送到 EU，或送结果到指定的内存单元或 I/O 端口。

例 2.2

在 8086 CPU 中，有哪些通用寄存器和专用寄存器？试说明专用寄存器的作用。

答：8086 CPU 中有 8 个 16 位的通用寄存器，分为两组，一组为数据寄存器，即 AX，BX，CX，DX。每个 16 位数据寄存器又可分为两个 8 位寄存器，共 8 个 8 位寄存器：AH，AL，BH，BL，CH，CL，DH，DL。另一组为指针和变址寄存器：堆栈指针 SP、基址指针 BP、源变址寄存器 SI、目的变址寄存器 DI，可用来存放数据和地址。

4 个段寄存器(代码段寄存器 CS、数据段寄存器 DS、堆栈段寄存器 SS 和附加段寄存器 ES)用来存放各段的起始地址，FR 用来存放标志。IP 用来存放要取的下一条指令在当前代码段中的偏移地址，程序不能直接访问 IP，在程序运行过程中，BIU 可修改 IP 中的内容。

例 2.3

完成下列运算，并给出运算后各状态标志位的状态。

(1) 01011011B+01000100B

(2) 01011011-01000100B

(3) 0110100001011010B+1000010010100010B

(4) 0110100001011010B-1000010010100010B

解：

(1) 01011011B+01000100B=1 0 1 1 1 1 1 1

计算过程如下：

```
    0 1 0 1 1 0 1 1
+   0 1 0 0 0 1 0 0
    ───────────────
    1 0 1 1 1 1 1 1
```

SF=1　　ZF=0　　PF=0　　CF=0　　AF=0　　OF=1

这两个数相加，其和是一个非 0 的负数(SF=1，ZF=0)；结果中"1"的个数是 7(奇数)，所以 PF=0；最高有效位无进位(CF=0)；运算时低半字节向高半字节无进位(AF=0)；

两正数相加，结果为负，产生溢出(OF=1)。

(2) 01011011B-01000100B=1 0 1 1 1 1 1 1

计算过程如下：

```
    0 1 0 1 1 0 1 1
-   0 1 0 0 0 1 0 0
    ───────────────
    0 0 0 1 0 1 1 1
```

SF=0　　ZF=0　　PF=1　　CF=0　　AF=0　　OF=0

这两个数相加，其和是一个非 0 的正数(SF=0，ZF=0)；结果中"1"的个数是 4(偶数)，所以 PF=1；最高有效位无借位(CF=0)；运算时低半字节向高半字节无借位(AF=0)；两正数相减，结果不产生溢出(OF=0)。

(3) 0110100001011010B+1000010010100010B

计算过程如下：

```
    0110100001011010
+   1000010010100010
    1110110011111100
```

SF=1　　ZF=0　　PF=1　　CF=0　　　AF=0　　OF=0

这两个 16 位数相加，其和是一个非 0 的负数(SF=1，ZF=0)；结果中低 8 位中"1"的个数是 6(偶数)，所以 PF=1；最高有效位无进位(CF=0)；运算时低半字节向高半字节无进位(AF=0)；结果没有产生溢出(OF=0)。

(4) 0110100001011010B-1000010010100010B

计算过程如下：

```
    0110100001011010
-   1000010010100010
    1110001110111000
```

SF=1　　ZF=0　　PF=1　　CF=1　　　AF=0　　OF=1

这两个 16 位数相减，其和是一个非 0 的负数(SF=1，ZF=0)；结果中低 8 位中"1"的个数是 4(偶数)，所以 PF=1；最高有效位有借位(CF=1)；运算时低半字节向高半字节无借位(AF=0)；正数减去负数结果为负，产生溢出(OF=1)。

注意：标志寄存器是发生运算后才会产生相应的变化。判断溢出标志时，如果最高有效位和次高有效位同时有进位(借位)或同时无进位(借位)时表示无溢出，否则表示有溢出。判断奇偶标志时，无论是 8 位数据还是 16 位数据，只考查其中的低 8 位数据的"1"的个数的奇偶性。

例 2.4

什么是总线？一般微机中有哪些总线？

答：所谓总线是指计算机中传送信息的一组通信导线，它将各个部件连接成一个整体。在微处理器内部各单元之间传送信息的总线称为片内总线；在微处理器多个外部部件之间传送信息的总线称为片外总线或外部总线。外部总线又分为地址总线、数据总线和控制总线。随着计算机技术的发展，总线的概念越来越重要。微机中常用的系统总线有 PC 总线、ISA 总线、PCI 总线等。

例 2.5

什么是堆栈？它有什么用途？堆栈指针的作用是什么？

答：堆栈是一个按照后入先出或先入后出的原则存取数据的部件，它是由栈区和栈指针组成的。堆栈的作用是：当主程序调用子程序、子程序调用子程序或中断转入中断服务程序时，能把断点地址及有关的寄存器、标志位及时正确地保存下来，并能保证逐次正确返回。堆栈除了有保存数据的栈区外，还有一个堆栈指针 SP，它用来指示栈顶的位置。若是"向下生成"的堆栈，随着压入堆栈数据的增加，栈指针 SP 的值减少。但 SP 始终指向栈顶。

例 2.6

如何选择 8086 CPU 工作在最小模式或最大模式？在最小模式下构成计算机系统的最小配置应有哪几个基本部件？说明两种方式下主要信号的区别。

答：8086 CPU 有一个引脚 $\overline{MN}/\overline{MX}$，由该引脚决定系统是工作于最大或最小模式。当 $\overline{MN}/\overline{MX}$ =1 时，CPU 工作于最小模式，在最小模式下，构成系统的最小配置除 8086 CPU 外，还应有 8284 时钟发生器、20 位地址锁存器、数据驱动器、ROM、RAM 芯片及必要的接口电路。当 $\overline{MN}/\overline{MX}$ =0 时，CPU 工作于最大模式。

两种组成方式对 CPU 引脚 24-31 的定义不同。在最小模式下，CPU 的所有控制信号都是由自身提供的，如存储器与 I/O 的读写信号；数据允许与传送方向信号；地址所存信号；中断响应信号；总线保持请求与总线保持响应信号等。而在最大模式下，上述信号除了总线请求与响应信号外，其他控制信号都由三个状态信号 $\overline{S_2}$、$\overline{S_1}$、$\overline{S_0}$ 经总线控制器 8288 译码产生。

例 2.7

在 8086 组成的系统中，地址线 A_0 为什么不参加存储器芯片的片内单元选取？

答：在 8086 系统中由于外部数据总线是 16 位，而存储器又是按字节编址的，所以把 1M 字节的存储空间分为两个 521K 字节的存储体。一个为低组，用于存放偶地址字节(低字节组)。一个为高组，用于存放奇地址字节(高字节组)。两个存储体用地址线 A_0 和高字节允许信号 $\overline{BHE}$ 作为低组和高组的选通信号。A_0=0 选通偶地址存储体，偶地址存储体的数据线与数据总线的低 8 位(D_0-D_7)相连；$\overline{BHE}$ =0 选通奇地址存储体，奇地址存储体的数据线与数据总线的高 8 位(D_8-D_{15})相连。8086 CPU 可访问任何一个存储体，读写一个字节，也可以同时访问两个存储体，读写一个字节。所以 A_0 就不能参加存储芯片的片内选择线，而是作为存储体的地址译码选择线。

例 2.8

8086 CPU 的最大寻址范围是多少？如何实现对整个地址空间寻址？

答：8086 的存储器最大寻址范围为 1M 字节(地址为 00000H-FFFFFH)；I/O 寻址的最大范围为 64K(口地址为 0000H-FFFFH)。对 1M 存储器的寻址是通过段寄存器来实现的，每个存储器段为 64K 字节，1M 字节的存储器可以分为若干个 64KB 段，利用段寄存器可寻址整个存储空间。对 I/O 空间的寻址可使用直接寻址(对 8 位口地址)；也可使用 DX 进行间接寻址(对 16 位口地址)。

例 2.9

在 8086 CPU 中，物理地址和逻辑地址是指什么？它们之间有什么联系？有效地址 EA

是怎样产生的？

答： 8086 系统中的物理地址就是存储器的实际地址或称为绝对地址，它是 20 位地址。而逻辑地址是指段基址和偏移地址，无论是段基址还是偏移地址都是 16 位地址。在程序运行时，有效地址 EA 是通过把段基址自动左移 4 位加上对应的偏移地址形成 20 位物理地址，这个过程是通过 BIU 中的地址加法器实现的。

例 2.10

假设用户程序装入内存后 SS=095BH，SP=40H，试问该用户程序的可用栈底部物理地址是多少？

答： 用户程序堆栈的栈区的首地址为 095BH：0000H，SP 始终指向栈顶，所以栈底的逻辑地址为 095BH：003FH，物理地址为 095B0H+003FH=095EFH。

例 2.11

假设内存数据段中有两个数据字 1234H 和 5678H；若已知当前 DS=5AA0H，它们的偏移地址分别为 245AH 和 3245H，计算出它们在存储器中的物理地址。

解： 根据物理地址的定义式：

$$物理地址=段基址×16+偏移地址$$

数据字 1234H 占用两个连续的单元，首地址计算如下：

$$(DS)×10H+245AH=5AA00H+245AH=5CE5AH$$

因为每个单元只存放一个字节信息，根据低字节存于低地址单元中，高字节存于高字节单元中，所以 12H 单元的物理地址为 5CE5BH，34H 单元的物理地址为 5CE5AH。

同理，数据字 5678H 占用两个连续的单元，首地址计算如下：

$$(DS)×10H+3245H=5AA00H+3245H=5DC45H$$

故 56H 单元的物理地址为 5DC46H，78H 单元的物理地址为 5DC45H。

2.4 重要习题与考研题解析

例 2.12

(上海交通大学 2003 考研题)Intel 8086 CPU 由(   )和(   )组成，其特点是(   )操作。

分析： 本题主要考查 8086 CPU 的功能结构，由例 2.1 可知：

Intel 8086 CPU 由 BIU 和 EU 两部分组成，简单地说，BIU 负责取指令和 CPU 外部数据交换，EU 负责执行指令。由于 BIU 内部有指令预取队列，在 EU 执行指令时，BIU 已将下一条指令取到指令预取队列。在本条指令执行完成后，EU 直接从指令预取队列中取出指令，省去了到内存取指令的时间。所以，取指令和执行指令操作是并行的。

正确答案为 BIU，EU，并行。

例 2.13

(北京航空航天大学 2003 年考研题)8086 CPU 上电复位后，CS=(　　)，IP=(　　)，DS=(　　)，SP=(　　)。

分析： 本例考查 CPU 上电复位后，内部寄存器的初始值。

CPU 上电复位后内部寄存器的初始值为 CS=FFFFH，IP=0000H，DS=0000H，SP=0000H。

正确答案为：CS=FFFFH，IP=0000H，DS=0000H，SP=0000H。

例 2.14

(西安交通大学 2001 年考研题)微机中地址总线的作用是(　　)。

A. 用于选择存储器单元

B. 用于选择进行信息传输的设备

C. 用于指定存储器单元和 I/O 设备接口单元的选择地址

分析： CPU 与内存直接交换数据。具体实现是：内存空间由若干存储芯片组成，存储芯片内又由若干单元组成，每个单元都编了号，称单元地址。CPU 与内存交换数据，先要输出单元地址以确定要与那个存储芯片上的哪个单元交换数据，输出的地址信号通过微机中地址总线传送到存储芯片上，通过存储芯片译码找到该内存单元。在读写信号作用下完成读出或写入操作。

CPU 不直接与输入输出设备交换数据，而是要通过输入输出接口间接与 I/O 设备交换数据。输入输出接口中的寄存器也编了号，称 I/O 端口号。当 CPU 要与 I/O 设备交换数据时，先输出 I/O 端口号以确定要与哪个 I/O 端口交换数据，输出的端口号(即地址信号)通过微机中地址总线传送到 I/O 接口芯片上，通过 I/O 接口芯片与输入输出设备交换数据。

所以，微机中的地址总线既传送存储单元地址，又传送 I/O 端口号。

答案： C

例 2.15

(北京航空航天大学 2004 年考研题)设 DS:75H 存储单元开始存放 11H、22H 和 33H，若要求占用的总线周期最少,则要(　)条指令才能将这 3 个数据读入到 CPU 中,这时占用(　　)个总线周期。若执行 MOV AX,[75H]后，则 AH=(　)，AL=(　)。

分析： 本例主要考查数据的存放顺序，8086 CPU 的字长，字的"对准存放"和"非对准存放"及在读取时间上的差别。

数据的存放顺序：75H 存储单元存放 11H，76H 存储单元存放 22H，77H 存储单元存放 33H。8086 CPU 的字长是 16 位，一条指令最多传送 16 位，所以 3 个字节数据至少需要两条指令才能读入到 CPU 中。

8086 系统的寻址空间按字节编址，一个字数据在内存空间中占用两个连续的字节单元。如果从偶地址开始存放，该字数据的存放方式称"对准存放"(也称为对准字)；如果从奇地址开始存放，该字数据的存放方式称为"非对准存放"(也称为非对准字)。CPU 读写一个对准字要用一个总线周期，而读写一个非对准字要用两个总线周期。读一个字节数据，不管这个字节数据存放在偶地址单元，还是存放在奇地址单元，都要用一个总线周期。

75H 为奇地址，先读一个字节，用一个总线周期；然后从 76H 单元开始读一个字，用一个总线周期。共用两个总线周期。

这时从 75H 单元开始读一个字，75H 单元的内容送 AL，76H 单元的内容送 AH。

答案：2, 2, 22H，11H。

举一反三：8086 CPU 读写一个对准字要用一个总线周期，而读写一个非对准字要用两个总线周期。

2.5　习题及参考答案

2.5.1　习题

一、问答题

1. 8088 属于几位微处理器？它有几根数据线？几根地址线？寻址空间是多少？

2. 8086/8088 CPU 的指令队列有何作用？

3. 8086/8088 CPU 系统有哪些寄存器可用来指令存储器的偏移地址？通常情况下如何使用这些寄存器？

4. 8088 微处理器的字长是多少？能直接访问的存储单元有多少字节？

5. 下列各情况影响哪些标志位？其值是什么？

(1) 出现溢出；

(2) 结果为零；

(3) 结果为负数；

(4) 按单步方式处理；

(5) 有辅助进位；

(6) 允许 CPU 接受可屏蔽中断请求信号；

(7) 有借位；

(8) 结果中有七个"1"。

6. 8088 微处理器的逻辑地址是由哪几部分组成的？怎样将逻辑地址转换为物理地址？

7. 在 8086 最小系统中，完成地址锁存器与 CPU 的连接，并说明所涉及的信号在各 T 状态的变化。

8. 如果一个程序在执行前(CS)=0A7F0H，(IP)=2B40H，该程序的起始地址是多少？

9. 复位期间，8086/8088 内部寄存器的设置怎么样？复位后，从什么位置开始执行指令？

二、填空题

1. 8088 CPU 内部结构按功能分为两部分，即(　　)和(　　)。

2. 假设 8086 微机内存中某一物理地址为 23456H，其逻辑地址可表示为 2345H：(　　)或(　　)：0456H。

3. 8086 中的 BIU 由(　　)个(　　)位段寄存器、一个(　　)位指令指针、＿＿＿＿＿＿字节指令队列、(　　)位地址加法器和(　　)控制电路组成。

4. 8086/8088 的执行部件 EU 由(　　)个通用寄存器、(　　)个专用寄存器、一个标志寄存器和(　　)等构成。

5. 根据功能不同，8086 的标志位可分为(　　)标志和(　　)标志。

6. 8086/8088 构成的微机中，每个主存单元对应两种地址：(　　)和(　　)。

7. 物理地址是指实际的(　　)位主存单元地址，每个存储单元对应唯一的物理地址，其范围是(　　)。

8. 逻辑地址由段基址和(　　)组成。将逻辑地址转换为物理地址的公式是(　　)。

9. 8086 CPU 从偶地址读写两个字节时，需要(　　)个总线周期；从奇地址读写两个字节时，需要(　　)个总线周期。

10. 微处理器 8086 的地址总线为(　　)位，可直接寻址空间为(　　)字节。

11. 在一个基本总线周期，当外设不能及时配合 8086 CPU 传送数据时，将通过引脚线向 CPU 发出信号(　　)，CPU 将在(　　)状态之后插入(　　)状态。

12. 在一个总线周期，8086 CPU 要完成与外设或存储器进行 16 位数据的交换，此时引脚信号 $\overline{BHE}$ =(　　)　A0=(　　)。

13. 完成一个基本操作所用时间的最小单位是(　　)，通常称它为一个(　　)状态。完成一次读或写至少需要(　　)个这样的状态。

三、选择题

1. 控制器的功能是(　　)。

　　A. 产生时序信号

　　B. 从主存取出指令并完成指令操作码译码

　　C. 从主存取出指令、分析指令并产生有关的操作控制信号

2. 运算器的主要功能是(　　)。

　　A. 算术运算　　　　　　　　　　B. 逻辑运算

　　C. 算术运算与逻辑运算　　　　　D. 函数运算

3. 在一般微处理器中，(　　)包含在 CPU 中。

　　A. 算术逻辑单元　　　　　　　　B. 主内存

　　C. 输入/输出设备　　　　　　　　D. 磁盘驱动器

4. 8086/8088 的状态标志有(　　)个。

　　A. 3　　　　　　　　　　　　　　B. 4

　　C. 5　　　　　　　　　　　　　　D. 6

5. 8086/8088 的控制标志有(　　)个。

A. 1　　　　　　　　　　　　　　　B. 2

C. 3　　　　　　　　　　　　　　　D. 4

6. 8086/8088 可用于间接寻址的寄存器有(　　)个。

A. 2　　　　　　　　　　　　　　　B. 4

C. 6　　　　　　　　　　　　　　　D. 8

7. 计算机的外部设备是指(　　)。

A. 软盘、硬盘驱动器　　　　　　　　B. 输入输出设备

C. 电源及机箱　　　　　　　　　　　D. RAM 及 ROM

8. 存储器是计算机系统的记忆设备，它主要用来(　　)。

A. 存储程序　　　　　　　　　　　　B. 存储数据

C. 存储指令　　　　　　　　　　　　D. 上述 B、C

9. 与外存相比，内存的特点是(　　)。

A. 容量小、速度快、成本高　　　　　B. 容量小、速度快、成本低

C. 容量大、速度快、成本高　　　　　D. 容量大、速度快、成本低

10. IBM PC 微机将内存分为若干个逻辑段，每个逻辑段的容量为(　　)。

A. 等于 64K　　　　　　　　　　　 B. 小于 64K

C. 大于等于 64K　　　　　　　　　　D. 小于等于 64K

11. 8086 工作在最大方式时应将引脚 MN/$\overline{MX}$ 接(　　)。

A. 负电源　　　　　　　　　　　　　B. 正电源

C. 地　　　　　　　　　　　　　　　D. 浮空

12. 8086 用哪个引脚信号来确定是访问内存还是访问外设(　　)。

A. $\overline{RD}$　　　　　　　　　　　　　　B. $\overline{WR}$

C. M/$\overline{IO}$　　　　　　　　　　　　D. INTR

13. 当 CPU 时钟频率为 5MHz，则其总线周期是(　　)。

A. 800ns　　　　　　　　　　　　　B. 500ns

C. 200ns　　　　　　　　　　　　　D. 2000ns

14. 8086 工作在最大方式下，总线控制器使用芯片(　　)。

A. 8282　　　　　　　　　　　　　　B. 8286

C. 8284　　　　　　　　　　　　　　D. 8288

15. 在 8086 中用一个总线周期访问内存，最多能读/写(　　)字节。

A. 1 个　　　　　　　　　　　　　　B. 2 个

C. 3 个　　　　　　　　　　　　　　D. 4 个

16. 8086 CPU 在进行 I/O 写操作时，M/$\overline{IO}$ 和 DT/$\overline{R}$ 引脚信号必须是(　　)。

A. 00　　　　　　　　　　　　　　　B. 01

C. 10　　　　　　　　　　　　　　　D. 11

17. 8086 CPU 组成的微机系统的数据总线是(　　)。

    A. 8 条单向线　　　　　　　　B. 8 条双向线

    C. 16 条单向线　　　　　　　　D. 16 条双向线

18. 8086 CPU 的控制线 $\overline{BHE}$ =0，地址线 A0=0 时，CPU(　　)。

    A. 从偶地址开始完成 8 位数据传送

    B. 从偶地址开始完成 16 位数据传送

    C. 从奇地址开始完成 8 位数据传送

    D. 从奇地址开始完成 16 位数据传送

19. 8086 工作于最小模式下，当 M/IO=0，RD=0，WR=1 时，CPU 完成的操作是(　　)。

    A. 存储器读　　　　　　　　　B. I/O 读

    C. 存储器写　　　　　　　　　D. I/O 写

20. 8086 CPU 有最小和最大两种工作模式，最大模式的特点是(　　)。

    A. 需要总线控制器 8288　　　　B. 由编程进行模式设定

    C. 不需要 8286 收发器　　　　　D. CPU 提供全部的控制信号

四、计算题

1. 将十六进制数 69A0H 与下列各数相加，给出结果及各标志位的状态(字长为 16 位)。

    (1) 4321H；　　　　(2) 9D60H。

2. 完成下列十六位进制数的计算，并给出各标志位的状态。

    (1) 4AE0H+1234H；(2) 1234H-4AE0H；(3) 0EA04H+3584H；(4) 9090H-4AE0H。

3. 已知如表 2-7 所示的几组段基址与偏移地址，试计算其对应的物理地址。

表 2-7　段基址和偏移地址

段　基　址	偏　移　地　址	物　理　地　址
1234H	5678H	
ABCDH	2345H	
CD02H	ACB8H	
2000H	1218H	

2.5.2　参考答案

一、问答题

1. 8088 属于(准 16)位微处理器。它有(8)根数据线，(20)根地址线，寻址空间为 2^{20}B，即 1MB。

2. 有指令队列后，在执行部分执行指令的同时，总线接口部件就能从存储器向指令队列中取下一条指令，EU 和 BIU 并行工作，从而提高了 CPU 的工作效率。

3. 指示偏移地址的寄存器有 BX、BP、SI、DI、SP、IP。

- BX：在寄存器间接寻址、寄存器相对寻址、基址变址寻址和相对基址变址寻址方式中，隐含的数据段是 DS。
- BP：在寄存器间接寻址、寄存器相对寻址、基址变址寻址和相对基址变址寻址方式中，隐含的数据段是 SS。
- SI：寄存器间接寻址、寄存器相对寻址、基址变址寻址和相对基址变址寻址方式中，隐含的数据段是 DS。在字符串操作时，SI 作为源变址，隐含的数据段是 DS。
- DI：寄存器间接寻址、寄存器相对寻址、基址变址寻址和相对基址变址寻址方式中，隐含的数据段是 DS。在字符串操作时，DI 作为目的变址，隐含的数据段是 ES。
- SP：在堆栈操作中(PUSH, POP, CALL, RET 等)使用，隐含的数据段是 SS。
- IP：在取指令时使用，隐含的数据段是 CS。一般用户在程序中不使用。

4. 其中 DF, IF, TF 为控制标志，不受计算结果影响。

5. (1) OF=1　(2) ZF=1　(3) SF=1　(4) TF=1　(5) AF=1　(6) IF=1　(7) CF=1　(8) PF=0

6. 逻辑地址是由段基址和偏移地址两部分组成，无论是段基址还是偏移地址都是 16 位地址。通过把段基址自动左移 4 位加上对应的偏移地址形成 20 位物理地址。

7. 连接 8086 有 20 位地址线，BHE 也需要锁存，共有 21 个信号需要锁存，选用 8282 作为锁存器，每片 8 位，共需 3 片。8082 的输入端 DI 与 CPU 的地址总线相连，输出端 DO 与系统总线的地址总线相连。8082 的 STB 与 CPU 的 ALE 相连。如 CPU 不需要出让总线，则 8282 的 OE 可直接接地。在总线周期的 T1 状态，$AD_{15} \sim AD_0$ 和 $A_{19}/S_6 \sim A_{16}/S_3$ 均输出地址信息。$\overline{BHE}/S_7$ 作为 BHE 使用。ALE 输出一个正脉冲，它的下降沿把地址信息打入锁存器；在其他 T 状态，以上引脚都改变了意义。但是，锁存器可提供系统有效的地址信息。

8. AAA40H

9. 复位期间，8086/8088 内部寄存器被置为如表 2-8 的初值：

表 2-8　设置的初值

标志寄存器	清　零
指令指针(IP)	0000H
CS 寄存器	FFFFH
DS 寄存器	0000H
SS 寄存器	0000H
ES 寄存器	0000H
指令队列	空
其他寄存器	0000H

二、填空题

1. BIU，EU

2. 0006H，2300H

3. 4，16，16，6，20，总线

4. 4，4，1，ALU

5. 状态，控制

6. 物理地址，逻辑地址

7. 20，00000H~FFFFFH

8. 偏移地址

9. 1，2

10. 20，1M

11. READY=0，T3，TW

12. 0，0

13. 时钟周期, T, 4

三、选择题

1. C;　　2. C;　　3. A;　　4. D;　　5. C;　　6. B;　　7. B;　　8. D;　　9. A;　　10. D;
11. C;　12. C; 13. A;　14. D;　15. B;　16. B;　17. D;　18. B;　19.B;　　20. A。

四、计算题

1. (1) ACC1H，OF=1，SF=1，ZF=0，AF=0，PF=0，CF=0。
   (2) 0700H，OF=0，SF=0，ZF=0，AF=0，PF=1，CF=1。

2. (1) 5D14H，OF=0，SF=0，ZF=0，AF=0，PF=1，CF=0。
   (2) C754H，OF=0，SF=1，ZF=0，AF=0，PF=0，CF=1。
   (3) 1F88H，OF=0，SF=0，ZF=0，AF=0，PF=1，CF=1。
   (4) 45B0H，OF=1，SF=0，ZF=0，AF=0，PF=0，CF=0。

3. 表 2-9 列出了物理地址:

表 2-9　物理地址

段　基　址	偏　移　地　址	物　理　地　址
1234H	5678H	179B8H
ABCDH	2345H	AE015H
CD02H	ACB8H	D7CD8H
2000H	1218H	21218H

第3章 8086 CPU指令系统

3.1 基本知识点

3.1.1 8086 指令的一般格式

指令是计算机执行某种操作命令，指令系统是 CPU 所有可执行的指令的集合。

汇编语言指令的格式由操作码和操作数两部分组成。操作码规定了 CPU 要执行哪种操作，如传送、运算等操作，用助记符表示；操作数是指参与操作的数据，指明数据的来源和去向。

指令的格式：

助记符 目的操作数，源操作数

例：MOV AX，1000H

3.1.2 8086 寻址方式

寻址方式是指 CPU 在执行指令时寻找操作数或操作数地址的方式。

1. 立即寻址(Immediate Addressing)

操作数直接存放在指令中，直接放在指令中的操作数称为立即数，立即数只能是源操作数，立即数可以是 8 位或 16 位。

例：MOV AX，1234H；立即数 1234H 送寄存器 AX 中

2. 寄存器寻址(Register Addressing)

操作数存放在 CPU 寄存器中，寄存器操作数可以是源操作数，也可以是目的操作数。例：MOV AX，BX；AX=BX。

源操作数 BX 和目的操作数 AX 都采用寄存器寻址方式。

3. 存储器寻址

操作数存放在存储器的内存单元中，指令中给出操作数所在的存储单元的偏移地址(有效地址 EA)，有效地址写在方括号内，段地址在默认的段寄存器中，或用段超越前缀指定的段寄存器中。

8086 设计了多种存储器寻址方式：直接寻址方式、寄存器间接寻址方式、寄存器相对寻址方式、基址变址寻址方式和相对基址变址寻址方式。

1) 直接寻址 (Direct Addressing)

存储器操作数的 16 位偏移地址直接包含在指令的方括号中，即：有效地址 EA=指令给出的数值，默认的段地址在数据段寄存器 DS 中，可使用段超越前缀。

例：MOV AX，[3000H]；AX←DS：[3000H]

源操作数以直接寻址方式给出，EA=3000H，默认段地址存放在数据段寄存器 DS 中。

例：MOV AX，ES：[2000H]；AX←ES：[2000H]

2) 寄存器间接寻址 (Register Indirect Addressing)

操作数所在的存储单元的偏移地址放在指令给出的寄存器中。

即：EA = 寄存器的值。

可用于间接寻址的寄存器有 SI、DI、BX、BP 四个。如果使用 SI、DI、BX 寄存器间接寻址，则默认段寄存器是 DS，若使用 BP 寄存器间接寻址，则默认的段寄存器是 SS。可使用段超越前缀。

例：MOV AX，[BX]；AX←DS：[BX]

源操作数采用寄存器间接寻址方式，EA=BX ，默认段寄存器为 DS。

例：MOV BX，[BP]；BX←SS：[BP]

源操作数采用寄存器间接寻址方式，EA=BP ，默认段寄存器为 SS。

例：MOV AX，ES：[SI]；AX←ES：[SI]

源操作数采用寄存器间接寻址方式，EA=SI，使用段超越前缀，段寄存器为 ES。

3) 寄存器相对寻址方式(Register Relative Addressing)

操作数的有效地址是一个寄存器内容与指令中给定的 8 位或 16 位的位移量之和，寄存器可以是 BX、BP 或 SI、DI 中的任一个。

即：有效地址 EA =[BX/BP/SI/DI]＋[8/16 位位移量]

使用 BX、SI、DI 寄存器，默认的段寄存器是 DS，使用 BP 寄存器，默认的段寄存器是 SS，允许段超越。

MOV [BX+4]，CL；DS：[BX+4] ←CL

目的操作数采用寄存器相对寻址方式，EA=BX+4，默认的段寄存器是 DS。

4) 基址加变址寻址(Based Indexed Addressing)

操作数的有效地址是一个基址寄存器(BX 或 BP)的内容与一个变址寄存器(SI 或 DI)的内容的和。

即：有效地址 EA=BX/BP+SI/DI

使用 BX 寄存器，默认的段寄存器是 DS；使用 BP 寄存器，默认的段寄存器是 SS；允许段超越。

注意： 基址寄存器 BX 和 BP、变址寄存器 DI 和 SI 不能同时出现在一个方括号内。

例：MOV AX，[BX+SI]；AX←DS：[BX+SI]，默认段寄存器是 DS。

5) 相对基址变址寻址方式

操作数的有效地址是一个基址寄存器 BX、BP 的内容加上一个变址寄存器 SI、DI 的内容，再加上指令中给定的 8 位或 16 位的位移量。

即：有效地址 EA = BX /BP 的值+SI /DI 的值+8/16 位位移量。

使用 BX 寄存器，默认的段寄存器是 DS；使用 BP 寄存器，默认的段寄存器是 SS，允许段超越。

MOV AX，[BX+DI+30H]；AX←DS：[BX+DI+30H]

该指令还可写成：

MOV AX，30H[BX][DI]

MOV AX，[BX+DI]30H

MOV AX，[30H+BX][DI]

4. I/O 端口寻址

操作数在外设端口中，I/O 寻址方式有直接寻址和间接寻址两种。

1) 直接端口寻址

直接端口寻址是 I/O 端口地址用 8 位立即数表示，端口地址范围为 0～0FFH，即可寻址 256 个端口。

例：IN　AL，30H；把地址为 30H 的端口中的内容取出送 AL。

2) 间接端口寻址

若 I/O 端口地址超过 8 位，则必须用间接端口寻址。外设端口的 16 位地址必须存放在 DX 中，即 DX 值表示 I/O 端口地址。I/O 端口地址在 8 位以内时，也可用间接寻址。

例：

MOV　DX，230H

IN　AL，DX；把地址为 230H 的端口中的内容取出送 AL。

3.1.3　8086 指令系统概述

Intel 8086 指令系统共有 117 条基本指令，可以按功能分为数据传送指令、算术运算指令、逻辑运算指令、控制转移指令、串操作指令和处理器控制专用指令 6 类。

1. 数据传送指令

数据传送是计算机中最基本、最重要的一种操作，数据传送指令可以实现 CPU 寄存器之间、寄存器与存储器之间、累加器与 I/O 端口之间、立即数到寄存器或存储器的字节或字的传送。

传送指令可分为 4 类：通用数据传送指令、累加器专用传送指令、地址传送指令和标志传送指令。通用数据传送指令包括传送指令 MOV、堆栈指令 PUSH 和 POP 以及数据交换指令 XCHG，累加器专用传送指令包括输入/输出指令 IN 和 OUT 以及查表指令 XLAT，地址传送指令包括 LEA、LDS、LES，标志传送指令包括 LAHF、SAHF、PUSHF、POPF。

数据传送类指令的特点：传送指令把源操作数传送到目的操作数中，源操作数不变。除标志寄存器传送指令 SAHF、POPF 外，所有数据传送指令均不影响标志位。在传送时，目的操作数和源操作数数据类型必须一致，两操作数不能同时是存储器操作数，代码段 CS 和立即数不能为目的操作数，目的操作数和源操作数不能同时为段寄存器，立即数不能直接传送到段寄存器。

2. 算术运算指令

该类指令主要用来完成加、减、乘、除等各类算术运算，二进制的加法指令包括 ADD、ADC、INC，减法指令包括 SUB、SBB、DEC、CMP、NEG，在执行加法和减法指令时，除 INC 和 DEC 不影响 CF 标志外，其他按定义影响全部状态标志位 CF、PF、AF、ZF、SF、OF。

PF 标志反映低 8 位中有偶数个 1 还是奇数个 1，有偶数个 1，则 PF=1；AF 反映 D3 位(低半字节)对 D4 位是否有进位或借位；OF 反映算术运算的结果是否溢出，判断溢出的方法很多，常见的有：

1) 通过参加运算的两个数的符号及运算结果的符号进行判断。

正数+正数=负数

负数+负数=正数

正数-负数=负数

负数-正数=正数

2) 双符号位法，它是通过运算结果的两个符号位的状态来判断结果是否溢出。

$OF = CF \forall DF$

压缩 BCD 码调整指令包括 DAA、DAS。

加法的十进制调整指令 DAA 功能：

- 如果 AL 寄存器中低 4 位大于 9 或辅助进位 AF=1，则 AL=AL+06H，置 AF=1。
- 如果 AL≥0A0H 或 CF=1，则 AL=AL+60H，置 CF=1。

减法的十进制调整指令 DAS 功能：

- 如果 AF=1 或 AL 寄存器中低 4 位大于 9，则 AL=AL-6，置 AF=1。
- 如果 AL≥0A0H 或 CF=1，则 AL=AL-60H，置 CF=1。

NEG 指令对操作数求补，即连同符号位一起取反加 1，对于带符号数则取其相反数，影响 CF、PF、AF、ZF、SF、OF。若 NEG 的操作数非 0，则操作后，CF=1，否则 CF=0。

乘法指令包括 MUL、IMUL，除法指令包括 DIV、IDIV。

3. 逻辑运算指令

双操作数逻辑指令包括 AND、OR、XOR 和 TEST，根据结果影响状态标志 SF、ZF 和 PF 状态，而不影响 AF；且使 CF=OF=0。单操作数逻辑指令 NOT 不影响标志位。AND 指令可用于对某些位清 0，OR 指令可用于对某些位置 1，XOR 指令可用于对某些位取反，TEST 指令可用于测试目的操作数的某些位。

算术移位指令包括 SAL、SAR，逻辑移位指令包括 SHL、SHR，按照移入的位影响进位标志 CF，根据移位后的结果影响 SF、ZF、PF。逻辑左移一位相当于无符号数乘以 2，逻辑右移一位相当于无符号数除以 2。当移位次数大于 1 时，将移位次数送入 CL 寄存器中。

不带进位的循环移位指令包括 ROL、ROR，带进位的循环移位指令包括 RCL、RCR。循环移位指令的操作数形式与移位指令相同，按指令功能设置进位标志 CF，但不影响 SF、ZF、PF、AF 标志。

4. 串操作指令

串操作指令包括串传送指令 MOVS、串比较指令 CMPS、串搜索指令 SCAS、串装入指令 LODS 以及串存储指令 STOS。在串操作指令前面可以加重复前缀指令前缀 REP、REPZ/REPE、REPNZ/REPNE，能重复执行该指令。串操作指令的共同点是：

- 用 SI 指向源串偏移首地址，DS 作为源串的段地址。
- 用 DI 指向目的串偏移首地址，ES 作为目的串段地址。
- 用方向标志位 DF 的值决定串处理方向，若 DF=0，则地址指针 SI/DI 自动按增加方式修改；若 DF=1，则地址指针 SI/DI 自动按减少方式修改。
- 字节串操作，地址指针 SI/DI 加/减 1，字串操作，地址指针 SI/DI 加/减 2。
- 串操作指令可加重复前缀，固定用 CX 指定字符串个数。

5. 控制转移类指令

控制转移类指令通过改变 IP 和 CS 值，实现程序执行顺序的改变，转移指令包括无条件转移指令 JMP，条件转移指令 JCC，循环控制指令 LOOP、LOOPZ/LOOPE、LOOPNZ/LOOPNE、JCXZ。

无条件转移又可分为段内转移和段间转移，段内转移(NEAR)时 CS 值不变，只改变 IP 值；段间转移(FAR)时 CS 值和 IP 值都改变。

条件转移指令根据指定的条件是否满足确定转移的去向，对于条件的判别是测试不同的标志位，分成三种情况：

- 判断单个标志位状态的指令：JZ/JE、JNZ/JNE、JS/JNS、JO/JNO、JP/JPE、JNP/JPO、JC/JB/JNAE、JNC/JNB/JAE。
- 比较无符号数高低的指令：JA/JNBE、JNA/JBE。
- 比较有符号数大小的指令：JG/JNLE、JGE/JNL、JL/JNGE、JLE/JNG。

因此在使用条件转移指令之前，必须选用合适的指令来影响相应的标志位的状态，进而条件转移指令利用标志位的值，来决定是否转移。

条件转移指令采用 8 位的相对寻址方式，跳转距离为 −128～+127 字节范围内。

6. 处理器控制指令

处理器控制类指令分为标志位处理指令、其他处理器控制指令。标志位处理指令对标志位 CF、DF 和 IF 位进行设置或清 0；其他处理器控制指令用来控制 CPU 的操作，使 CPU 暂停、等待或空操作等。

3.2　重点与难点

重点：8086 的各种寻址方式，数据传送类指令、算术运算类指令、逻辑运算类指令、控制转移类指令的功能和应用。

难点：理解指令的执行过程和应用，正确使用指令解决问题。

3.3　典型例题精解

例 3.1

分别指出下列指令中源操作数和目的操作数的寻址方式。

(1) MOV　BX，1234H

(2) MOV　AX，20[BX]

(3) ADD　CX，　AX

(4) MOV　BX，[BX+DI]

(5) SUB　AX，[1006H]

(6) MOV　[BX+1060H][SI]，AX

(7) POP　BX

答案：

(1) 源操作数为立即寻址，目的操作数为寄存器寻址

(2) 源操作数为寄存器相对寻址，目的操作数为寄存器寻址

(3) 源操作数为寄存器寻址，目的操作数为寄存器寻址

(4) 源操作数为基址加变址寻址，目的操作数为寄存器寻址

(5) 源操作数为直接寻址，目的操作数为寄存器寻址

(6) 源操作数为寄存器寻址，目的操作数为相对基址变址寻址

(7) 源操作数为寄存器间接寻址，目的操作数为寄存器寻址

例 3.2

已知 DS=1000H，SS=0AB90H，ES=3C78H，BX=5013H，BP=6976H，SI=451DH，试写出下面每条指令中存储器操作数的物理地址。

(1) MOV　AX，[2000H]

(2) MOV　AX，ES：[2000H]

(3) MOV　AX，[SI]

(4) MOV　BX，[BP−20]

分析：在计算物理地址时，若使用 BP 寄存器间接寻址，默认的段地址为堆栈段寄存器 SS；若使用 SI、DI 和 BX 寄存器间接寻址，默认的段地址在数据段寄存器 DS 中，允

许段超越，如：MOV AX，ES：[2000H]，物理地址=ES×16+2000H。

(1) 源操作数采用直接寻址方式，源操作数的有效地址 EA=指令给出的数值，默认的段寄存器是 DS。有效地址 EA=2000H，物理地址 PA=DS×16+2000H=10000 H+2000H=12000H。

(2) 源操作数采用直接寻址方式，源操作数的有效地址 EA=指令给出的数值，该指令使用段超越前缀 ES。有效地址 EA =2000H，物理地址 PA=ES×16+2000H=3C780H+2000H=3E780H。

(3) 源操作数采用 SI 的寄存器间接寻址方式，默认的段寄存器是 DS。源操作数的有效地址 EA=451DH，物理地址 PA=DS×16+EA=10000H+451DH=1451DH

(4) 源操作数采用 BP 的寄存器相对寻址方式，默认的段地址为堆栈段寄存器 SS。源操作数的有效地址 EA=BP-20D=BP-14H=6976H-14H=6962H，物理地址 PA=SS×16+EA=AB900H+6962H=B2262H。

例 3.3

下列指令是否正确？为什么？并改正。

(1) MOV　DS，1000H

(2) MOV　AX，BL

(3) MOV　[1000H]，23H

(4) PUSH　BL

(5) ADD　AX，[BX+BP+6]

(6) OUT　3FFH，AL

(7) MOV　AX，[SI+DI]

(8) POP　[AX]

(9) MOV　AX，[DX]

(10) SHL　BX，5

(11) INT　300

(12) XCHG　DX，0FFFH

(13) MOV　BYTE PTR[SI]，500

(14) INC　[SI]

(15) ADD　[SI]，56H

(16) LEA　SI，BX

分析：判断指令是否合法，应注意以下几点：CS 不能作为目标操作数，段寄存器之间不能直接传送，立即数不能直接送入段寄存器，两个操作数的数据类型不匹配，两个存储单元不能直接传送数据，使用存储器寻址时，不能同时使用基址寄存器或变址寄存器，堆栈指令操作数只能以字为单位进行，立即数和存储器操作数本身没有明确的类型，两者在同一条指令时或指令中只有存储器操作数时，必须用 PTR 运算符指出存储器操作数的类型。

(1) MOV　DS，1000H

错误。不允许直接向段寄存器送立即数，可改为：

MOV　AX，1000H

MOV　DS，AX

(2) MOV　AX，BL

错误。源操作数和目的操作数类型不一致，可改为：

MOV AX，BX

(3) MOV　[1000H]，23H

错误。存储器操作数与立即数在同一个指令时，无法确定操作数的类型，必须用 PTR 运算符指出存储器操作数的类型，用 BYTE PTR 指示字节类型，WORD PTR 指示字类型，则第一操作数前应加上 BYTE PTR 或 WORD PTR 说明。可改为：

MOV BYTE PTR [1000H]，23H

(4) PUSH　BL

错误。堆栈指令操作数只能以字为单位进行，而 BL 是一个字节。可改为：

PUSH　BX

(5) ADD AX，[BX+BP+6]

错误。使用存储器寻址时，2 个基址寄存器或 2 个变址寄存器不能同时使用，源操作数寻址方式错，2 个寄存器都是基址寄存器。可改为：

ADD AX，[BX+DI+6]

(6) OUT 3FFH，AL

错误。端口地址 3FFH 为 16 位，端口地址应用 DX 间址。可改为：

MOV　DX，3FFH

OUT　DX，AL

(7) MOV　AX，[SI+DI]

错误。使用存储器寻址时，2 个基址寄存器或 2 个变址寄存器不能同时使用，源操作数寻址方式错，2 个寄存器都是变址寄存器。可改为：

MOV　AX，[SI+BX]

(8) POP　[AX]

错误。AX 不能用于间接寻址，间接寻址只能用 BX、BP、SI、DI 四个寄存器之一。可改为：

POP　[BX]

(9) MOV　AX，[DX]

错误。间接寻址只能用 BX、BP、SI、DI 四个寄存器之一，DX 不能作间接寻址寄存器。可改为：

MOV　AX，[SI]

(10) SHL　BX，5

错误。当逻辑移位的次数大于 1 时，用 CL 指出移位位数。可改为：

MOV　CL，5

SHL　BX，CL

(11) INT　300

错误。操作数 300 > 255，已超出有效的中断类型码范围。可改为：

INT　23H

(12) XCHG　DX，0FFFH

错误。XCHG 指令不允许立即数做它的操作数。可改为：

MOV　CX，0FFFH

XCHG　DX，CX

(13) MOV　BYTE PTR[SI]，500

错误。用 BYTE PTR 指示字节类型，500 超出一个字节所表示的范围，数据不能正确保存，则用 WORD PTR 说明。可改为：

MOV　WORD PTR [SI]，500

(14) INC　[SI]

错误。若操作数为存储单元，则必须指明其操作数的类型，字节或字类型，该指令没指明操作数的类型。

可改为：

INC　WORD PTR [SI]；对 SI 所指的字单元的内容加 1

INC　BYTE PTR [SI]；对 SI 所指的字节单元的内容加 1

(15) ADD　[SI]，56H

错误。立即数和存储器操作数本身没有明确的类型，必须用 PTR 运算符指出存储器操作数的类型。

可改为：

ADD　BYTE PTR [SI]，56H

(16) LEA　SI，BX

错误。LEA 指令取源操作数的有效地址，源操作数必须是存储器操作数而不是寄存器 BX，目标操作数必须是通用寄存器之一。可改为：

LEA　SI，[BX]

例 3.4

已知 AX=9876H，BX=0CDEFH，下列指令单独执行后，求各标志位 CF、PF、AF、ZF、SF、OF 的状态和 AX 的内容。

(1) ADD　AX，BX

(2) SUB　AX，BX

(3) AND　AX，BX

分析：在执行加法和减法指令时，除 INC 和 DEC 不影响 CF 标志外，其他按定义影响全部状态标志位 CF、PF、AF、ZF、SF、OF。

PF 标志反映低 8 位中有偶数个 1 还是奇数个 1,有偶数个 1,则 PF=1;AF 反映 D3 位(低半字节)对 D4 位是否有进位或借位;OF 反映算术运算的结果是否溢出,判断溢出的方法很多,常见的有:

1) 通过参加运算的两个数的符号及运算结果的符号进行判断,下面 4 种情况为溢出:

正数+正数=负数

负数+负数=正数

正数-负数=负数

负数-正数=正数

2) 双符号位法,它通过运算结果的两个符号位的状态来判断结果是否溢出。

OF = CF∀DF

双操作数逻辑指令 AND、OR、XOR 和 TEST,只影响状态标志 SF、ZF 和 PF 状态,AF 未定义;总使 CF=OF=0。单操作数逻辑指令 NOT 不影响标志位。

(1) ADD　AX,BX

即求 9876H+CDEFH,从下列二进制运算得到:

AX=3365H。由于结果最高位为 0,则 SF=0;结果不为 0,则 ZF=0;低 4 位有进位,则 AF=1;低 8 位中"1"的个数为偶数 8,则 PF=1,最高位有进位,则 CF=1,OF = CF∀DF = 1∀0 = 1,则 OF=1。

```
    10011000    01110110
+   11001101    11101111
1   01100110    01100101
```

(2) SUB　AX,BX

即求 9876H-0CDEFH,从下列二进制运算得到:

```
    10011000    01110110
-   11001101    11101111
1   11001010    10000111
```

AX=0CA87H,SF=1,ZF=0,AF=1,PF=1,CF=1,OF = CF∀DF = 1∀1 = 0。

(3) AND　AX,BX

即求 9876H∧CDEFH,从下列二进制运算得到:

```
    10011000    01110110
∧   11001101    11101111
    10001000    01100110
```

AX=8866H,SF=1,ZF=0,AF=X,PF=1,CF=OF=0。

例 3.5

设 SS=2000H，SP = 0050H，AX=6976H，BX=23F0H，连续执行下列指令，画出每条指令执行后堆栈中各单元的变化情况，SS，SP，AX，BX 寄存器的内容是多少？

(1) MOV SP，0050H

(2) PUSH AX

(3) PUSH BX

(4) POP AX

(5) POP BX

分析： 堆栈指令操作数是字数据，即仅对字数据进行操作。每执行一条 PUSH 指令，指针 SP 减 2，每执行一条 POP 指令，指针 SP 加 2。执行 PUSH 指令时，先将 SP 减 1 送 SP，高字节压入 SP 所指的单元，再将 SP 减 1 送 SP，低字节压入 SP 所指的单元；执行一条 POP 指令，先将 SP 所指的单元内容弹出到低字节，然后 SP 加 1 送 SP，再将 SP 所指的单元内容弹出到高字节，然后 SP 加 1 送 SP。

(1) 执行指令 PUSH AX

执行 PUSH AX 指令后，当前堆栈指针 SP 减 2，即新的堆栈指针 SP=0050H-2=004EH，源操作数 AX 的内容被推入堆栈。PUSH AX 指令执行前后堆栈示意图如图 3-1 所示。

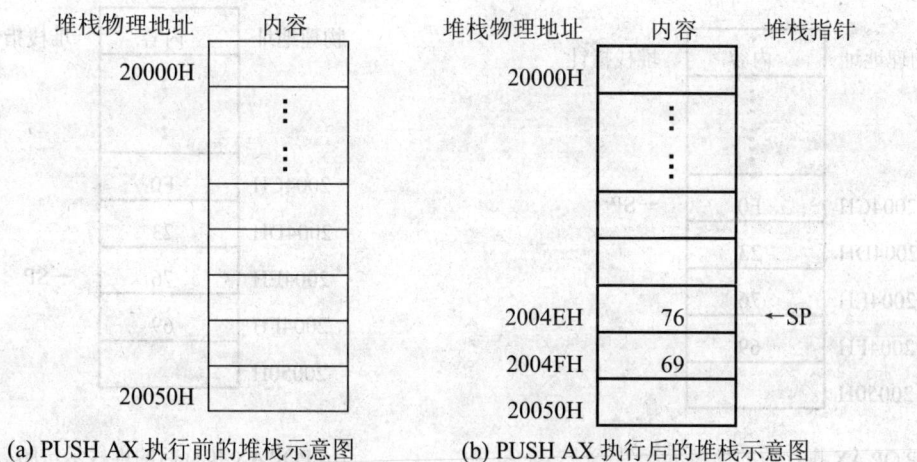

(a) PUSH AX 执行前的堆栈示意图　　　　(b) PUSH AX 执行后的堆栈示意图

图 3-1　PUSH AX 执行前后的堆栈示意图

(2) PUSH BX

执行 PUSH BX 指令后，当前堆栈指针 SP 减 2，即新的堆栈指针 SP=004EH-2=004CH。源操作数 BX 的内容被推入堆栈。PUSH BX 指令执行前后堆栈示意图如图 3-2 所示。

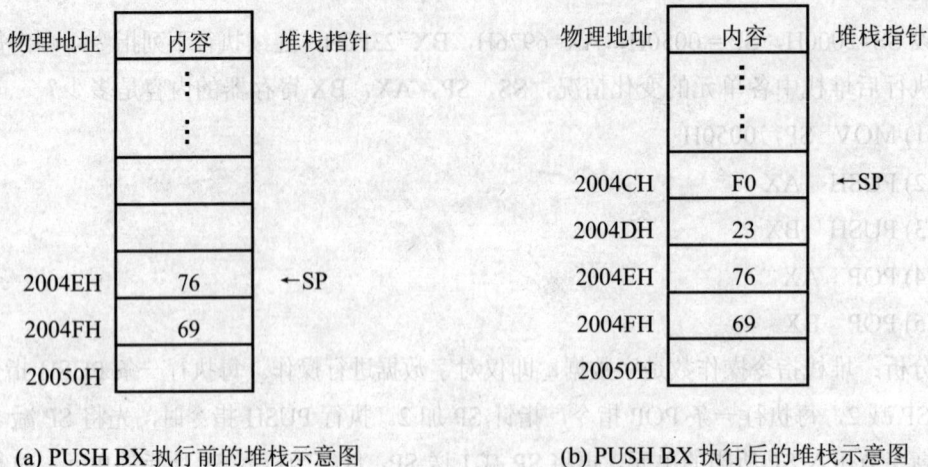

(a) PUSH BX 执行前的堆栈示意图　　　　　　(b) PUSH BX 执行后的堆栈示意图

图 3-2　PUSH BX 执行前后的堆栈示意图

(3) POP　AX

POP AX 指令执行后，当前堆栈指针 SP 加 2，即新的堆栈指针 SP=004CH+2=004EH。栈顶的内容 23F0H 被弹到目的操作数 AX 寄存器中，AX=23F0H。POP AX 指令执行前后堆栈示意图如图 3-3 所示。

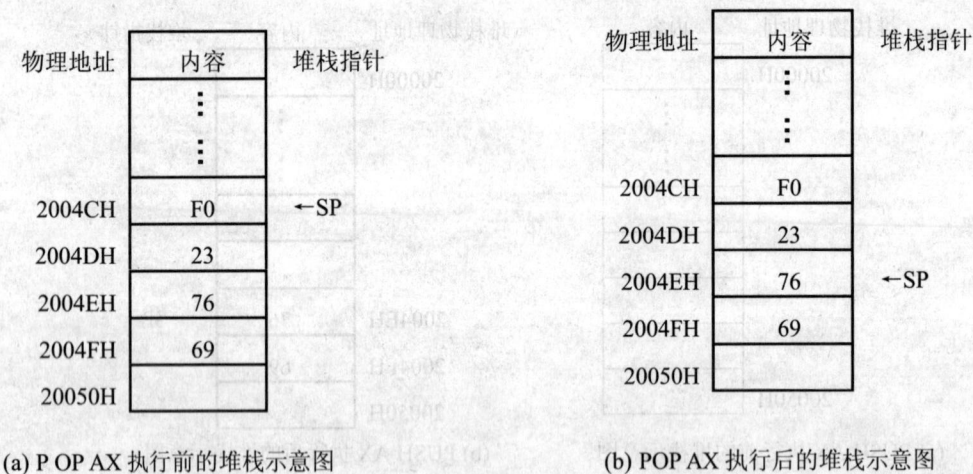

(a) P OP AX 执行前的堆栈示意图　　　　　　(b) POP AX 执行后的堆栈示意图

图 3-3　POP AX 执行前后的堆栈示意图

(4) POP BX

POP BX 指令执行后，当前堆栈指针 SP 加 2，即新的堆栈指针 SP=004EH+2=0050H。栈顶的内容 6976H 被弹到目的操作数 BX 寄存器中，BX=6976H。POP BX 指令执行前后堆栈示意图如图 3-4 所示。

执行 PUSH 指令 n 次，再执行 POP 指令 n 次，SP 保持不变。

AX=23F0H 、BX=6976H、SP = 0050H，实现 AX、BX 内容相互交换。

还可用指令 XCHG AX，BX 实现相同的功能。

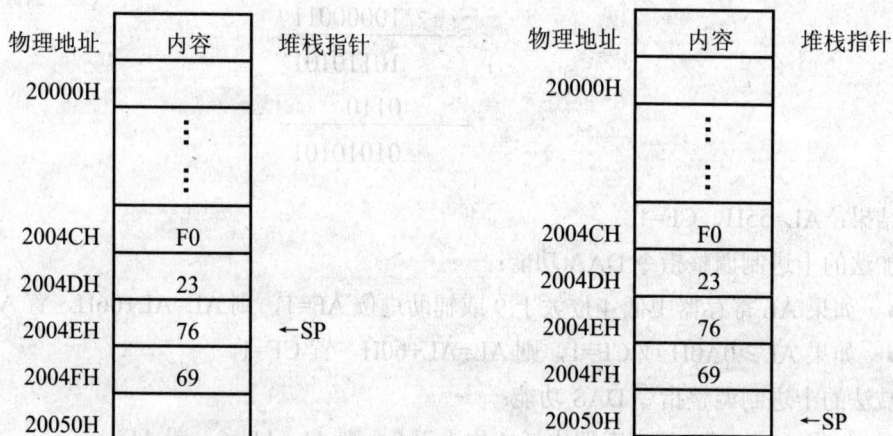

物理地址	内容	堆栈指针
20000H		
⋮		
2004CH	F0	
2004DH	23	
2004EH	76	←SP
2004FH	69	
20050H		

(a) POP BX 执行前的堆栈示意图

物理地址	内容	堆栈指针
20000H		
⋮		
2004CH	F0	
2004DH	23	
2004EH	76	
2004FH	69	
20050H		←SP

(b) POP BX 执行后的堆栈示意图

图 3-4　POP BX 执行前后的堆栈示意图

例 3.6

两个十进制数分别为 38 和 83，编写程序分别求这两个十进制数的和及差。

解：(1) 求两数的和，程序段如下；

```
MOV AL，38H；压缩 BCD 码表示的 38 送 AL
MOV BL，83H；压缩 BCD 码表示的 83 送 BL
ADD AL，BL；AL=0BBH
DAA；BCD 码调整，AL=0BBH+66H=21H，CF=1
```

可从下面的二进制运算过程中得到：

$$
\begin{array}{r}
00111000 \\
+\;\;10000011 \\
\hline
10111011 \\
+\;\;01100110 \\
\hline
1\quad00100001
\end{array}
$$

结果：AL=21H，CF=1

(2) 求两数的差，程序段如下；

```
MOV AL，38H；压缩 BCD 码表示的 38 送 AL
MOV BL，83H；压缩 BCD 码表示的 83 送 BL
SUB AL，BL；AL=0B5H
DAS；BCD 码调整，AL=0B5H-60H=55H，CF=1
```

可从下面的二进制运算过程中得到：

$$
\begin{array}{r}
00111000 \\
-\ \underline{10000011} \\
1\quad 10110101 \\
-\ \underline{0110} \\
01010101
\end{array}
$$

结果：AL=55H，CF=1

加法的十进制调整指令 DAA 功能：

- 如果 AL 寄存器中低 4 位大于 9 或辅助进位 AF=1，则 AL=AL+06H，置 AF=1。
- 如果 AL≥0A0H 或 CF=1，则 AL=AL+60H，置 CF=1。

减法的十进制调整指令 DAS 功能：

- 如果 AF=1 或 AL 寄存器中低 4 位大于 9，则 AL=AL-6，置 AF=1。
- 如果 AL≥0A0H 或 CF=1，则 AL=AL-60H，置 CF=1。

例 3.7

写出能完成下述要求的相应指令。

(1) 将 AX 的最高 3 位清零，其他位不变

(2) 将 AX 的高字节置 1，低字节不变

(3) 将 AX 的高 4 位变反，其他位不变

解：此题利用逻辑运算指令功能，AND 指令可用于使某些位清零，要清零的位同 0 相与，不变的位与 1 相与；OR 指令可用于使某些位置 1，要置 1 的位同 1 相或，不变的位与 0 相或；XOR 指令可用于使某些位求反，要取反的位同 1 相异或，不变的位与 0 异或。

(1) AND AX，1FFFH

(2) OR AX，0FF00H

(3) XOR AX，0F000H

例 3.8

检测 AX 寄存器中的数是否为正数，若是，则转移到 PLUS 执行，否则将 AX 的最高位置 0，再转移到 PLUS 执行。

程序段如下：

```
TEST AX, 8000H
JZ  PLUS
AND AX, 7FFFH
PLUS: …
```

例 3.9

若一个双字数据，存放在 BX 与 AX 中(BX 中存放高字)，要求分别实现下述功能，编写程序完成。

(1) 将这个双字数据逻辑左移一位。

(2) 将这个双字数据逻辑右移一位。

解： 双字数据逻辑左移一位时，要先从低 16 位向左移，低 16 位的最高位移到 CF 中，再用大循环 RCL 左移高 16 位，把 CF 中的值移到了高 16 位的最低位。逻辑右移一位时，刚好相反，要先从高 16 位向右移，高 16 位的最低位移到 CF 中，再用大循环 RCR 右移低 16 位，把 CF 中的值移到低 16 位的最高位。

(1) 将这个双字数据逻辑左移一位，如图 3-5 所示。

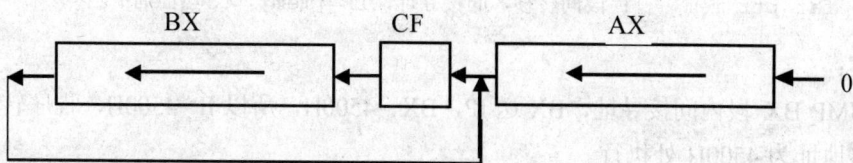

图 3-5　BX：AX 逻辑左移一位示意图

程序段如下：

```
SHL  AX,1
RCL  BX,1
```

(2) 将这个双字数据逻辑右移一位，如图 3-6 所示。
程序段如下：

```
SHR  BX, 1
RCR  AX, 1
```

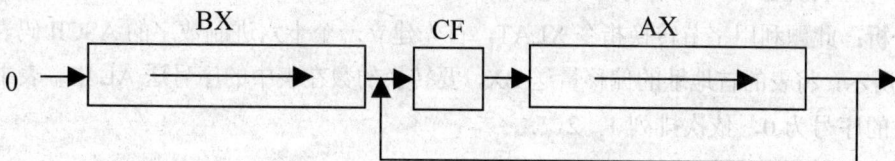

图 3-6　BX：AX 逻辑右移一位示意图

例 3.10

设 DS=2000H，BX =4500H，SI=3000H，符号地址 DATA 的偏移地址是 0100H，(24600H)=1567H，(27500H)=4500H，执行下列指令后，转移的有效地址是什么？

(1) JMP BX

(2) JMP DATA[BX]

(3) JMP [BX][SI]

分析： 与转移地址有关的 4 种寻址方式，

1) 段内直接寻址：转移的偏移地址是当前 IP 值和指令中指定的 8 位或 16 位位移量之和。

```
JMP  label              ;段内转移、直接寻址，IP←IP＋位移量
```

2) 段内间接寻址：转移的偏移地址是一个寄存器或一个存储单元的内容。

```
JMP  r16/m16          ; 段内转移、间接寻址，IP←r16/m16
```

3) 段间直接寻址：指令中直接提供了转向的段地址和偏移地址。

```
JMP  far ptr label    ; 段间转移、直接寻址，IP←偏移地址，CS←段地址，
                      ; 转向 label 去执行，label 为另一个代码段的入口地址。
```

4) 段间间接寻址：用存储器中的两个相继字内容取代 IP 和 CS 中的内容。

```
JMP  far ptr mem      ; 段间转移，间接寻址，IP←[mem]，CS←[mem＋2]
```

答案：

(1) JMP BX 段内间接寻址，BX 送 IP，BX =4500H，所以 IP=4500H，程序转到代码段内偏移地址为 4500H 处执行。

(2) JMP DATA[BX] 段内间接寻址，

有效地址 EA=0100H +4500 H = 4600 H

物理地址=DS×16+ EA=20000 H+4600 H=24600 H

3.4　重要习题与考研题解析

例 3.11

已知十六进制数字 0~9 和 A~F 对应的 ASCII 码依次为 30H~39H 和 41H~4FH，现在要取 9 的对应 ASCII 码，请编写程序完成。

分析： 此题利用字节转换指令 XLAT，首先建立一个十六进制数字的 ASCII 码表，如表 3-1 所示，将表的首地址的偏移量送 BX，要转换的数在表中的序号送 AL 中，表中的第一个数的序号为 0，依次排列 1，2，……。

程序段如下：

```
TABLE  DB 30H，…，41H，…，46H      ; 定义 ASCII 表
MOV BX, OFFSET TABLE              ; ASCII 表首地址偏移量送 BX
MOV AL, 9                         ; 9 对应的序号 9 送 AL
XLAT                              ; AL=39H(9 的 ASCII 码)
```

表 3-1　十六进制数字的 ASCII 码表

(A)

序号	数字	MEMORY
0	0	30H(0′)
1	1	31H(1′)
2	2	32H(1′)
⋮	⋮	⋮
⋮	⋮	⋮

(B)

	MEMORY
TABLE	30H(0′)
	31H(1′)
	32H(1′)
	⋮

9	9	39H(9′)
10	A	41H(A′)
11	B	42H(B′)
⋮	⋮	⋮
⋮	⋮	⋮
15	F	46H(F′)

39H(9′)
41H(A′)
42H(B′)
⋮
⋮
46H(F′)

例 3.12

已知 DI=1056H，DS=3000H，[3205BH]=2266H，分别执行指令 LEA BX，[DI+1005H] 和 MOV BX，[DI+1005H] 后，BX 为多少？

分析：有效地址 EA =DI+1005H=1056H+1005H=205BH

物理地址=DS×16+EA=30000H+1059H=3205BH

LEA BX，[SI+1005H]指令是取源操作数的有效地址 205BH 送 BX；MOV BX，[DI+1005H]指令是取物理地址 3205B H 单元的内容 2266H 送 BX。

例 3.13

假设 M1 为已定义的变量，指出下列指令中源操作数的寻址方式：

(1) MOV BX，M1

(2) MOV BX，OFFSET M1

(3) MOV BX，M1[SI]

分析：M1 为已定义的变量，表示它是存储单元的符号地址，且变量的段地址和偏移地址由汇编程序汇编时已给出确定值。

(1) M1 为已定义的变量，表示 M1 是存储单元的符号地址，则 MOV BX，M1 为直接寻址方式。

(2) M1 为已定义的变量，变量的段地址和偏移地址由汇编程序汇编时已给出确定值，OFFSET M1 是取变量的偏移地址，则是立即寻址。

(3) 源操作数是 M1[SI]，M1 为已定义的变量，也是符号地址，位移量以符号地址的形式出现，所以是寄存器相对寻址方式。

例 3.14

用移位指令和循环移位编写程序，分别完成下列功能

(1) 内存单元 DATA 中存放着一个 8 位的数据，将它的高 4 位与低 4 位互换。

(2) 移位后内存单元 DATA 中高 4 位清零，低 4 位存放原高 4 位的数据。

(3) 移位后内存单元 DATA 中的 8 位数据清 0。

(4) 移位后内存单元 DATA 中的内容不变。

答案：

(1) 内存单元 DATA 中存放着一个 8 位的数据，将它的高 4 位与低 4 位互换。

```
MOV SI, OFFSET DATA
MOV AL, [SI]
MOV CL, 4
ROL AL, CL
MOV [SI], AL
```

另一种解法：

```
MOV CL, 4
MOV AL, DATA
ROL AL, CL
MOV DATA, AL
```

(2) 移位后内存单元 DATA 中高 4 位清零，低 4 位存放原高 4 位的数据。

```
MOV SI, OFFSET DATA
MOV AL, [SI]
MOV CL, 4
SHR AL, CL
MOV [SI], AL
```

(3) 移位后内存单元 DATA 中的 8 位数据清 0。

```
MOV SI, OFFSET DATA
MOV AL, [SI]
MOV CL, 8
SHL AL, CL
MOV [SI], AL
```

(4) 移位后内存单元 DATA 中的内容不变。

```
MOV SI, OFFSET DATA
MOV AL, [SI]
MOV CL, 8
ROL AL, CL
MOV [SI], AL
```

例 3.15

计算 $Y=9X+2$，设 X 为无符号字节数据且存放在 DATA 单元，计算结果存入 DATB 单元，请编写程序完成。

解：分两种情况：结果没有超出一个字节所在范围和结果超出一个字节所在范围。

(1) 结果没有超出一个字节所在范围。

```
MOV AL, DATA
MOV BL, AL
SHL AL, 1
SHL AL, 1
SHL AL, 1
ADD AL, BL
ADD AL, 2
```

```
        MOV DATB, AL
```

(2) 结果超出一个字节所在范围。

```
        MOV AL, DATA
        MOV AH, 0
        MOV BX, AX
        SHL AX, 1
        SHL AX, 1
        SHL AX, 1
        ADD AX, BX
        ADD AX, 2
        MOV DATB, AL
        MOV datb+1, AH
```

例 3.16

把 AL 中的低位十六进制数转换为对应的 ASCII 码，请为此编写程序。

程序段如下：

```
        AND AL, 0FH     ; 保留低 4 位
        CMP AL, 0AH
        JB  SZ          ; AL＜10，是数字，转走
        ADD AL, 07H     ; 否则，是字母，加 07H
    SZ: ADD AL, 30H     ; 加 30H
```

另一种解法：

```
        AND AL, 0FH
        OR  AL, 30H
        CMP AL, 3AH
        JB  SZ
        ADD AL, 07H
    SZ: …
```

例 3.17

把 BL 中的 2 位十六进制数转换为对应的 ASCII 码，高位十六进制数的 ASCII 码存在
BH 中，低位十六进制数的 ASCII 码存在 BL 中，请编写程序完成。

程序段如下：

```
        MOV  AL, BL
        MOV  CL, 4
        SHR  AL, CL
        AND  AL, 0FH    ; 保留低 4 位
        CMP  AL, 0AH
        JB   SZ1        ; AL＜10，是数字，转走
        ADD  AL, 07H    ; 否则，是字母，加 07H
SZ1:    ADD  AL, 30H
        MOV  BH, AL
        MOV  AL, BL
        AND  AL, 0FH    ; 保留低 4 位
```

```
        CMP  AL, 0AH
        JB   SZ2          ; AL<10，是数字，转走
        ADD  AL, 07H      ; 否则，是字母，加 07H
SZ2:    ADD  AL, 30H
        MOV  BL, AL
```

例 3.18

检测字单元 DATA 中的数是否为偶数，是则 DATB 单元置 1，否则 DATB 单元清 0，请编写程序完成。

程序段如下：

```
        MOV  AX, DATA
        TEST AX, 0001H
        JZ   L1
        MOV  AL, 0
        JMP  M1
L1:     MOV  AL, 1
M1:     MOV  DATB, AL
```

例 3.19

分别采用几种方法完成下面功能。

(1) 清累加器 AX。

(2) 清进位标志。

(3) 将累加器内容乘以 2。

答案:

(1) 清累加器 AX，可采用 4 种方法:

　　A. XOR　AX, AX

　　B. SUB　AX, AX

　　C. MOV　AX, 0

　　D. AND　AX, 0

(2) 清进位标志，可采用 5 种方法:

　　A. CLC

　　B. OR　AX, AX

　　C. AND　AX, AX

　　D. XOR　AX, AX

　　E. TEST　AX, AX

(3) 将累加器内容乘以 2，可采用 4 种方法:

　　A. SAL　AX, 1

　　B. ADD　AX, AX

　　C. SHL　AX, 1

　　D. CLC

RCL　AX，1

例 3.20

(2001，西安交通大学) 下列指令中哪条是正确的？

A. MOV DS，0200H

B. MOV AX，[SI][DI]

C. MOV BP，AX

D. MOV BYTE PTR[BX]，1000

分析：

A. 错误。不允许直接向段寄存器送立即数。

B. 错误。使用存储器寻址时，2 个基址寄存器或 2 个变址寄存器不能同时使用，源操作数寻址方式错，2 个寄存器都是变址寄存器。

C. 对。

D. 错误。用 BYTE PTR 指示字节类型，1000 超出一个字节所表示的范围，数据不能正确保存，则用 WORD PTR 说明。

答案：C。

例 3.21

(2004，重庆大学) 已知 SP=8000H，执行 PUSH SI 指令后，SP 中的内容是(　　)。

A. 8002H　　　　B. 7FFEH　　　　C. 7998H　　　　D. 7FFFH

分析：堆栈指令操作数是字数据，即仅对字数据进行操作。每执行一条 PUSH 指令，指针 SP 减 2，每执行一条 POP 指令，指针 SP 加 2。

SP=SP-2=8000H-2=7FFEH

答案：B。

3.5　习题及参考答案

3.5.1　习题

一、选择题

1. 已知存储器操作数的物理地址是 6226AH，则它的段地址和偏移地址可能是(　　)。

　　A. 5525H：0D01AH　　　　　　B. 6208H：00EAH

　　C. 6000H：026AH　　　　　　D. 6100H：226AH

2. 8086/8088 可用于间接寻址的寄存器有(　　)。

　　A. 2　　　　B. 4　　　　C. 6　　　　D. 8

3. 可为存储器操作数提供偏移地址的寄存器组是(　　)。

　　A. AX、BX、CX、DX　　　　B. BX、BP、SI、DI

C. SP、IP、BP、DX　　　　　　　D. CS、DS、ES、SS

4. 8086/8088 微处理器中的 BX 是(　　　)。

　　A. 基址寄存器　　　　　　　　B. 计数寄存器

　　C. 变址寄存器　　　　　　　　D. 基址指针寄存器

5. 指令 MOV　AX，ES：[BP][DI] 中，源操作数的物理地址是(　　　)。

　　A. 16×(DS)+(BP)+(DI)　　　　B. 16×(ES)+(BP)+(DI)

　　C. 16×(SS)+(BP)+(DI)　　　　D. 16×(CS)+(BP)+(DI)

6. 8086 访问 I/O 端口的指令，常以寄存器间接寻址方式在 DX 中存放(　　　)。

　　A. I/O 端口状态　　　　　　　B. I/O 端口数据

　　C. I/O 端口地址　　　　　　　D. I/O 端口控制字

7. 8086/8088 的状态标志位有(　①　)个，控制标志位有(　②　)。

　　①　A. 3　　　　B. 4　　　　C. 4　　　　D. 6

　　②　A. 6　　　　B. 5　　　　C. 8　　　　D. 3

8. 8086 CPU 在执行"MOV [1234H]，AL"指令时，$\overline{BHE}$ 和 A0 的状态是(　　　)。

　　A. 0、1　　　　　　　　　　　　　B. 0、0

　　C. 1、1　　　　　　　　　　　　　D. 1、0

9. 以寄存器 BX 间接寻址的存储器字单元内容加 1 的指令是(　　　)。

　　A. INC　WORD PTR［BX］　　　　　B. INC　BX

　　C. INC　BYTE PTR［BX］　　　　　D. ADD　［BX］，1

10. 若采用寄存器间接寻址方式，EA 中指定寄存器为(　　)时，则默认段寄存器为 SS。

　　A. BX　　　　B. BP　　　　C. SI　　　　D. DI

11. 已知 SP=0100H，执行 PUSH　AX 后，SP 寄存器的值是(　　　)。

　　A. 0101H　　　　　　　　　　　B. 0102H

　　C. 00FFH　　　　　　　　　　　D. 00FEH

12. 已知 SP=1100H，执行 POP　AX 后，SP 寄存器的值是(　　　)。

　　A. 1101H　　　　　　　　　　　B. 1102H

　　C. 10FFH　　　　　　　　　　　D. 10FEH

13. 假设 SS=2000H，SP=1000H，AX=5678H，执行指令 PUSH AX 后，存放数据 78H 的堆栈区的物理地址是(　　　)。

　　A. 21002H　　B. 21001H　　C. 20FFEH　　D. 20FFFH

14. 下列指令分别执行后，总是使 CF=OF=0 的指令是(　　　)。

　　A. OR　　　　B. NEG　　　　C. MOV　　　　D. INC

15. 基址变址寻址方式中，操作数的有效地址 EA 等于基址寄存器 BP 和变址寄存器 (　　)之和。

　　A. BX　　　　B. SS　　　　C. SI　　　　D. DS

16. 设 AL=3FH，DI=3500H，DS=1000H，[13500H]=0A0H，CF=1，执行指令 SBB AL，[DI]后，正确结果是(　　　)。

A. AL=9EH，OF=0，CF=1　　　　　　B. AL=9FH，OF=1，CF=0

C. AL=9EH，OF=1，CF=1　　　　　　D. AL=9FH，OF=0，CF=0

17. 执行指令 ADD AX，CX 后，若奇偶标志位 PF=1，则表示(　　)。

    A. 结果中含 1 的个数为奇数　　　　　B. 该数为偶数

    C. 结果中含 1 的个数为偶数　　　　　D. 结果中低 8 位含 1 的个数为偶数

18. 已知(AX)=1234H，执行下述三条指令后，(AX)=(　　)。

```
MOV  BX, AX
NEG  BX
ADD  AX,BX
```

    A. 1234H　　　　　　　　　　　　　B. 0EDCCH

    C. 6DCCH　　　　　　　　　　　　　D. 0000H

19. 下列指令中有语法错误的是(　　)。

    A. PUSH [2100H]　　　　　　　　　　B. PUSH [20H+SI+BX]

    C. POP CS　　　　　　　　　　　　　D. POP [2100H]

20. 下列指令执行后，不改变 AL 寄存器内容的指令是(　　)。

    A. AND AL，0FFH　　　　　　　　　B. OR AL，DL

    C. XOR AL，0FFH　　　　　　　　　D. SUB AL，DL

21. 下列指令执行后，改变 AL 寄存器内容的指令是(　　)。

    A. AND AL，1　　　　　　　　　　　B. CMP AL，AH

    C. TEST AL，80H　　　　　　　　　　D. OR AL，0

22. 将 DX：AX 中 32 位数左移一位的指令序列是(　　)。

    A. SHL AX，1　　　　　　　　　　　B. RCL AX，1

       RCL DX，1　　　　　　　　　　　　SHL DX，1

    C. SHL AX，1　　　　　　　　　　　D. RCL AX，1

       SHL DX，1　　　　　　　　　　　　RCL DX，1

23. 判断 AX 和 DX 是否同时为正数或同时为负数，若是转 YES 的正确指令序列是(　　)。

    A. OR AX，DX　　　　　　　　　　B. XOR AX，DX

       AND AX，8000H　　　　　　　　　AND AX，8000H

       JE YES　　　　　　　　　　　　　JE YES

    C. CMP AX，DX　　　　　　　　　　D. SUB AX，DX

       AND AX，8000H　　　　　　　　　AND AX，8000H

       JE YES　　　　　　　　　　　　　JE YES

24. 在保证 AX 的内容不变情况下，检测 AX 是否为负数，若是就转到 MNUS，则正确指令序列是(　　)。

    A. TEST AX，8000H　　　　　　　　B. TEST AX，8000H

       JNZ MNUS　　　　　　　　　　　　JZ MNUS

C. AND　AX，8000H　　　　　　　　D. OR　AX，8000H

　　　JNZ　MNUS　　　　　　　　　　　　JNZ　MNUS

25. 执行下面的程序段后，正确结果是(　　)。

　　　MOV　　AL, 6AH

　　　MOV　　BL, 63H

　　　ADD　　AL, BL

　　A. ZF=0，SF=1，CF=0，AF=0，OF=1

　　B. ZF=0，SF=1，CF=0，AF=1，OF=0

　　C. ZF=0，SF=0，CF=1，AF=0，OF=1

　　D. ZF=0，SF=0，CF=1,，AF=1，OF=1

26. 在存储器中存放信息如下：(31000H)=56H，(31001H)=78H，(31002H)=12H，(31003H)=34H。从地址 31001H 和 31002H 中取出一个字的内容分别是(　　)。

　　A. 1278H、1234H　　　　　　　　B. 7812H、1234H

　　C. 7812H、3412H　　　　　　　　D. 1278H、3412H

27. 与指令 LEA　SI, BLOCK 功能相同的指令是(　　)。

　　A. MOV　SI，BLOCK　　　　　　B. MOV　[SI], BLOCK

　　C. MOV　SI, OFFSET BLOCK　　D. MOV　SI, WOKD PTR BLOCK

28. 取内存单元地址偏移量的指令是(　　)。

　　A. POPF　　　　　B. LEA　　　　　C. LES　　　　　D. LDS

29. 使 AX=0 又使 CF=0，OF=0 的指令是(　　)。

　　A. XOR AX，AX　　　　　　　　　B. CMP AX，AX

　　C. MOV　AX，0　　　　　　　　　D. TEST AX，0

30. 使 AX=0，又不影响进位标志位 CF 的指令是(　　)。

　　A. XOR　AX，AX　　　　　　　　B. SUB　AX，AX

　　C. MOV　AX，0　　　　　　　　　D. AND　AX，0

31. 可将寄存器 BX 中的 D5、D6、D7 和 D11 位求反，其余位不变的指令是(　　)。

　　A. AND　BX，071FH　　　　　　　B. OR　AX，08E0H

　　C. XOR　AX，071FH　　　　　　　D. XOR　BX，08E0H

32. 已知 AL 和 AH 存放的是带符号数，当 AL>AH 时程序跳转到 NEXT，在 "CMP AL，AH" 指令后，需选用的条件转移指令是(　　)。

　　A. JLE NEXT　　　　　　　　　　B. JNL　NEXT

　　C. JNLE NEXT　　　　　　　　　D. JL　NEXT

33. 判断 BL 寄存器内容是否与 AH 相等,若相等,则转 NEXT 处执行。那么在 JZ NEXT 指令前的一条指令应是(　　)。

　　A. TEST　BL, AH　　　　　　　　B. CMP　BL,AH

　　C. AND　BL, AH　　　　　　　　D. OR　BL, AH

34. 假设 DS=3000H, SI=1000H, [31000H]=55H, [31001H]=AAH,那么执行指令 LEA

AX, [SI] 后, AX=(　　)。

　　A. 0AA55H　　　　　　　　　　　B. 55AAH

　　C. 1000H　　　　　　　　　　　D. 3000H

35. 假设 DS=3000H, SI=1000H, [31000H]=55H, [31001H]=AAH, 那么执行指令 MOV
AX, [SI]后, AX=(　D　)。

　　A. 0AA55H　　　　　　　　　　　B. 55AAH

　　C. 1000H　　　　　　　　　　　D. 3000H

36. 下面指令中有语法错误的指令是(　　)。

　　A. ADD　AX, [BX+DX]　　　　　B. IN　AX, 30H

　　C. DEC　AX　　　　　　　　　　D. XCHG　CX, [1000H]

37. AX 中存放一个负数的补码, 求其绝对值, 可用指令(　　)。

　　A. NOT　AX　　　　　　　　　　B. SUB　AX, 1

　　C. NEG　AX　　　　　　　　　　D. AND　AX, 7FFFH

38. 把 BL 中的数据送到端口地址为 268H 的指令是(　　)。

　　A. OUT　268H, BL　　　　　　　B. IN　268H, BL

　　C. MOV　AL, BL

　　　MOV　DX, 268H　　　　　　　D. MOV　AL, BL

　　　OUT　DX, AL　　　　　　　　　　OUT　268H, AL

39. 将 DX 中的无符号数乘以 4, 不正确指令是(　　)。

　　A. ADD　DX, DX　　　　　　　　B. MOV DX, 4

　　　ADD　DX, DX

　　C. MOV　CL, 2　　　　　　　　　D. SHL　DX, 1

　　　SHL　DX, CL　　　　　　　　　　SHL　DX, 1

40. 下面程序段完成测试 AH 中数是否为负数, 若是则将1送 DH 中, 否则将 0 送 DH
中, 那么程序段中括号里应填的语句是(　　)。

```
    MOV CH, 1
    OR AH, AH
    (        )
    MOV CH, 0
ZERO:MOV DH, CH
```

　　A. JNZ ZERO　　　　　　　　　　B. JS ZERO

　　C. JZ ZERO　　　　　　　　　　D. JC ZERO

41. 对于下列程序段:

```
AGAIN:MOV AL, [SI]
    MOV ES:[DI], AL
    INC SI
    INC DI
    LOOP AGAIN
```

也可用( )指令完成同样的功能。

A. REP MOVSB

B. REP LODSB

C. REP STOSB

D. REPE SCASB

42. 汇编源程序时，出现语法错误的语句是( )。

A. MOV [BX+SI]，BX

B. MOV CL，[BP+DI]

C. MOV CS，AX

D. MOV DS，AX

43. 若 8086 对存储器进行写操作时，如执行"MOV [BX+SI+0100H]，AL"指令，则 CPU 的引脚信号 $M/\overline{IO}$、$\overline{RD}$、$DT/\overline{R}$ 和 $\overline{WR}$ 的状态是( )。

A. 1、1、1、0

B. 1、0、0、1

C. 0、1、1、0

D. 1、1、0、0

44. INC 和 DEC 指令不影响( )标志位。

A. OF

B. ZF

C. CF

D. SF

45. 设 BX = 0040H，AL = 03H，DS = 2000H，(20043H) = 31H，(20044H) =32H，(20045H) = 33H，则执行了 XLAT 指令后，AL 中的内容是( )。

A. 34H

B. 33H

C. 32H

D. 31H

46. 若执行指令 CLD 和 MOVSW 后 SI 和 DI 的变化是(①)，执行指令 STD 和 MOVSB 后 SI 和 DI 的变化是(②)。

① A. 加 1　　B. 减 1　　C. 加 2　　D. 减 2

② A. 加 1　　B. 减 1　　C. 加 2　　D. 减 2

47. 设 AL=36H，BL=89H，执行指令 SUB AL，BL 后，AL 和 OF 分别为( )。

A. AL=36H，OF=0

B. AL=0ADH，OF=1

C. AL=0ADH，OF=0

D. AL=89H，OF=1

48. 在程序运行过程中，要读取的下一条指令在存储器中的物理地址是( )。

A. CS*10H+IP

B. DS*10H+BX

C. SS*10H+SP

D. SS*10H+BP

49. 实现 AX 内容乘2的正确指令是(①)，实现 BX 中带符号数除以2的正确指令是(②)。

① A. SHR AX，1　　B. SHL AX，1　　C. RCR AX，1　　D. RCL AX，1

② A. ROR BX，1　　B. RCR BX，1　　C. SHR BX，1　　D. SAR BX，1

50. 能将 CF 清零的指令是( )。

A. STC

B. CMC

C. NEG

D. CLC

51. 没有语法错误的指令是( )。

A. IN AL，30H

B. DEC [BX]

C. IN DX，AL

D. MOV DS，2000H

52. 下列指令中正确的是(　　)。

　　A. IN　AX，256H　　　　　　　　B. RCR　AX，BX

　　C. ADD　X1，X2　　　　　　　　D. MOV AX，[BX+DI] NUM

53. 设 AX=0ABCDH，SI=1000H，DS=3000H，[31000H]=7F8FH，CF=1，执行 "SBB AX，[SI]" 指令后，正确结果是(　　)。

　　A. AX=2B5CH，OF=0，CF=1　　　B. AX=2C3DH，OF=1，CF=0

　　C. AX=9BCDH，OF=0，CF=1　　　D. AX=2C3EH，OF=1，CF=0

54. 设 CL=4，AX=0C800H，执行 SAR AX，CL 后，AX 中的数据是(　　)。

　　A. 0FC80H　　　　　　　　　　B. 8000H

　　C. 0C80H　　　　　　　　　　D. 0FE00H

55. 设 AX=0D87BH，则执行下列指令

```
NEG AX
NOT AX
```

后，AX=(　　)。

　　A. 0D87BHH　　　　　　　　　　B. 0D87AH

　　C. 0D87CH　　　　　　　　　　D. 0D8DDH

56. 设 AH=0ABH，BH=0FEH，在 "CMP　AH，BH" 指令后，紧跟的条件转移指令是(　　)，才能使程序转移到 NEXT 处。

　　A. JA　NEXT　　　　　　　　　B. JNL　NEXT

　　C. JNLE　NEXT　　　　　　　　D. JL　NEXT

57. 测试寄存器 BL 内容是否与 AH 相等，若相等，则转 NEXT 处执行。那么在 JZ NEXT 指令前的一条指令应是(　　)。

　　A. TEST BL, AH　　　　　　　　B. XOR BL, AH

　　C. AND BL, AHH　　　　　　　　D. OR BL, AH

58. 在移位类指令中若移动次数大于 1 时，移动次数必须放在寄存器(　　)中。

　　A. AL　　　　B. AH　　　　C. CL　　　　D. CH

59. 条件转移指令 JZ 的转移条件是(　　)。

　　A. CF=1　　　B. ZF=0　　　C. OF=0　　　D. ZF=1

60. 把字节单元 BUF 中的带符号数除以 4，正确指令是(　　)。

　　A. MOV　BX, OFFSET　BUF　　　　B. MOV　BL, BUF

　　　　MOV　AL, [BX]　　　　　　　　　SAL　BL, 4

　　　　SAR　AL, 1

　　　　SAR　AL, 1

　　C. SAR　BYTE PTR BUF, 2　　　　D. LEA　BX, BUF

　　　　　　　　　　　　　　　　　　　　SAR　PYTE PTR [BX], 1

61. 设 AL=0D4H，CL=2，分别执行 SHR　AL，CL 和 SAR AL，CL 指令后，AL 的

值分别是(　　)。

  A. 35H，0F5H   B. 35H，35H

  C. 6AH，E5H   D. 50H，50H

62. 设 SP 值为 2018H，执行指令 POP　BX 后，SP 的值是(　　)。

  A. 201AH   B. 201BH

  C. 2020H   D. 2029H

63. 在下列指令中，(　　)指令的执行会影响 CF 值。

  A. DEC　AL   B. JC　NEXT

  C. INC　BX   D. SHL　AX，1

64. 对寄存器 AX 内容求补运算，下面错误的指令是(　　)。

  A. NEG　AX   B. NOT　AX

              INC　AX

  C. XOR　AX，0FFFFH   D. MOV　BX，0

   INC　AX   SUB　BX，AX

65. 当执行 ADD AX，BX 指令后，若 AX 的内容为 4E52H 时，设置的奇偶标志位 PF=0，下面的叙述正确的是(　　)。

  A. 表示结果中含 1 的个数是奇数 B. 表示结果中含 1 的个数是偶数

  C. 表示该数是奇数   D. 表示结果低 8 位中含 1 的个数是奇数

66. 若 8086 对外设进行写操作时，如执行 "OUT　DX，AL" 指令，则 CPU 的引脚信号 $M/\overline{IO}$、$\overline{RD}$、$DT/\overline{R}$ 和 $\overline{WR}$ 的状态是(　　)。

  A. 0 1 1 1   B. 0 0 0 1   C. 0 1 1 0   D. 1 1 1 0

67. 8086 CPU 在基址加变址的寻址方式中，变址寄存器可以为(　　)。

  A. BX 或 CX   B. CX 或 SI

  C. DX 或 SI   D. SI 或 DI

68. 8086 CPU 在执行 "MOV　[1234H]，AX" 指令时，$\overline{BHE}$ 和 A_0 的状态是(　　)。

  A. 0.1   B. 0.0   C. 1.1   D. 1.0

69. 若 8086 CPU 对外设进行写操作时，则 CPU 的引脚信号 $M/\overline{IO}$ 和 $DT/\overline{R}$ 的状态是(　　)。

  A. 1 0   B. 0 1   C. 1 1   D. 0 0

70. 若 8086 CPU 对外设进行读操作时，则 CPU 的引脚信号 $M/\overline{IO}$、$\overline{RD}$、$DT/\overline{R}$ 和 $\overline{WR}$ 的状态是(　　)。

  A. 1 0 1 0   B. 1 0 0 1   C. 0 0 0 1   D. 0 0 1 0

71. 8086 CPU 在执行 "MOV　[1234H]，AL" 指令时，$\overline{BHE}$ 和 A_0 的状态是(　　)。

  A. 0.1   B. 1.0   C. 1.1   D. 0.0

二、分析程序题

1. 已知(AX)=0A567H，(BX)=0FEBCH，执行下面的程序段后，

```
        CMP    AX, BX
        JG  NEXT
        XCHG AX, BX
NEXT：NOT   AX
```

问：(AX)=(　　　　)，(BX)=(　　　　)。

2. (2003，华东理工大学) Intel 8086 程序

```
        MOV  AX, 1200H
        MOV  BX, 3400H
        MOV  CX, 5600H
        PUSH  CX
        PUSH  AX
        PUSH  BX
        POP  CX
        POP  AX
        POP  BX
```

程序执行完毕后，AX=(　　　　)，BX=(　　　　)，CX=(　　　　)。

3. 下面程序段测试字变量单元 DATA 中的数是否为正奇数，是则将 BX 清零。请将程序段填充完整。

```
        MOV  AX, DATA
        (  ①  )
        JS  L1
        JZ  L1
        SHR  AX, 1
        (  ②  )
        MOV  BX, 0
L1：      …
```

4. (2002，北京航空航天大学)在以下所给程序的标记处，填入 1 条适当的指令或指令的一部分，使程序实现所指定的功能。设有一个首地址为 ARRAY 的 N 个字数据的数组，要求求出该数组之和，并把结果存入 TOTAL 地址中。有关程序如下：

```
        MOV  CX, (  ①  )
        MOV  AX, 0
        MOV  SI, 0
START:    ADD  AX, (  ②  )
        ADD  SI, 2
        DEC  CX
        JNZ  START
        MOV  TOTAL, AX
```

5. 下列程序段是统计由 TABLE 开始的 10 个字节数据块中负元素的个数，统计结果

存入 BL 寄存器中，请将程序填充完整。

```
            LEA  SI, TABLE
            MOV  CX, ( ① )
            MOV  BL, 0
CHE:        CMP  BYTE PTR[SI], 0
            ( ② )  X1
            JMP  NEXT
X1:         INC   BL
NEXT:       INC  ( ③ )
            DEC  CX
            ( ④ )  CHE
            HLT
```

6. 下列程序段是比较 AX，BX，CX 中带符号数的大小，将最小的数放在 AX 中，请将程序填充完整。

```
            CMP  AX, BX
            ( ① )  NEXT
            XCHG AX, BX
NEXT:       ( ② )  AX, CX
            JLE  OUT1
            ( ③ )  AX, CX
OUT1: ...
```

7. 从 BUF 开始的单元中存放着 10 个带符号字数据，找出这 10 个数中正偶数的个数存入 OVEN 单元中，请将程序填充完整。

```
            LEA  SI, BUF
            MOV  CX, 10
            ( ① )
AGAIN:      CMP  WORD PTR [SI], 0
            ( ② )
            TEST WORD PTR [SI], 1
            ( ③ )
            INC BX
NEXT:       INC  SI
            INC  SI
            DEC  CX
            ( ④ )
            MOV  OVEN, BX
```

8. 下面程序段用于测试字变量单元 DATA 中的 D8 位是否为 0，是则转至 NEXT。请将程序段填充完整。

```
            TEST  WORD PTR DATA, ( ① )
            ( ② )
```

9. 下面程序段用于当 AL 中的数不小于-1 时，转到 NEXT。请将程序段填充完整。

```
            ( ① )  AL, 0FFH
```

（　②　）

10. 阅读下面程序，说明下面程序后执行后转移到哪个标号执行？

```
        MOV    AX, 5623H
        MOV    BX, 0CFA8H
        SUB    AX, BX
        JNO    XI
        JNC    X2
        JMP    X3
```

11. 现有如下程序段如下：

```
        MOV    CX, 200
        LEA    BX, DATA
        MOV    DX, 0
M1:     MOV    AL, [BX]
        CMP    AL, 20
        JL  M2
        INC    DX
M2:     INC    BX
        LOOP   M1
```

请回答：

(1) 该程序段完成的功能是什么？

(2) 如果将 JL 改为 JG，该程序段完成的功能是什么？

12. 阅读下面的程序，说明该程序段完成什么功能？

```
        MOV    CX, 10
        MOV    AL, '0'
        MOV    BX, OFFSET BUF
AGAIN:  MOV    [BX], AL
        INC    BX
        INC    AL
        LOOP   AGAIN
        HLT
```

13. 阅读下面的程序，说明该程序段完成什么功能？

```
        MOV    BX, OFFSET BUFFER
        MOV    AL, [BX]
        INC    BX
        MOV    CX, 9
AGAIN:  CMP    AL, [BX]
        JAE    NEXT
        MOV    AL, [BX]
NEXT:   INC    BX
        DEC    CX
        JNZ    AGAIN
        MOV    ARG, AL
        HLT
```

14. 阅读下面的程序，说明该程序段完成什么功能？

```
        MOV  CX, 20
        MOV  DX, 0
        MOV  BX, OFFSET BUF
AGAIN:  MOV  AL, [BX]
        INC  BX
        CMP  AL, 60
        JB   NOPASS
        INC  DH
        JMP  NEXT
NOPASS: INC  DL
NEXT:   LOOP AGAIN
        HLT
```

15. (2004，北京航空航天大学)阅读程序并完成填空。在一个首地址为 STR，长度为 N 的字符串中查找"空格"，如果找到则向 DL 中送 1，否则向 DL 中送-1。

```
        MOV  CX, N
        MOV  SI, 0
        MOV  AL, 20H
NEXT:   CMP  AL, (  ①  )
        JZ   DISPY
        INC  (  ②  )
        (  ③  )  NEXT
        MOV  DL, -1
        JMP  NEXT1
DISPY:  MOV  DL, 1
        ……
NEXT1:  ……
```

16. 阅读下面的程序，说明该程序段完成什么功能？

```
        MOV  BL, 0
        MOV  CX, 8
    A1: SHR  AL, 1
        RCL  BL, 1
        LOOP A1
        HLT
```

三、简答题

1. 已知 DS=2000H，SS=4560H，ES=5670H，BX=2050H，BP=7896H，SI=0ABCDH，试写出下面每条指令中存储器操作数的物理地址及其寻址方式。

(1) MOV　AX，[3567H]

(2) MOV　AX，ES：[4678H]

(3) MOV　AX，[SI]

(4) MOV　BL，[BX+SI+2500H]

(5) MOV　AL，[SI+30]

(6) MOV　ES：[BX+SI]，AL

(7) MOV　AL，SS：[BX]

(8) MOV　AL，[BP]

2. 下列指令是否正确？为什么？并改正。

(1) MOV　DS，5000H

(2) MOV　CX，AL

(3) MOV　BL，[SI]

(4) MOV　[1200H]，56H

(5) PUSH　BL

(6) MOV　AX，[SI][DI]

(7) XCHG　BX，[1000H]

(8) IN　AH，DX

(9) POP　CS

(10) MOV　[DI]，ES：[BX]

(11) IN　AL，1FFH

(12) RCL　CX，3

(13) LEA　ES，[SI]

(14) MOV　DS，ES

(15) MOV　BL，300

(16) MOV　BYTE PTR[DI]，400

(17) INC　[DI]

(18) ADD　[DI]，20H

(19) POP　[AX]

(20) MOV　AX，[DX]

(21) ADD　AX，[BX+BP+30]

3. 写出能完成下述要求的相应指令或程序段

(1) 将累加器 AX 高字节清零，其他位不变。

(2) 将 AX 的高 4 位置 1，其他位不变。

(3) 将 AX 低 8 位取反，其他位不变。

4. 已知 AX=687BH，BX=0ABCDH，下列指令单独执行后，求各标志位 CF、PF、AF、ZF、SF、OF 的状态和 AX 的内容。

(1) ADD　AX，BX

(2) SUB　AX，BX

(3) AND　AX，BX

5. 设 BX = 105A H，SI = 2598 H，DS = 3200 H，位移量 = 2C69 H，DS 作为操作数的段寄存器，试确定在以下各寻址方式下的偏移地址和物理地址。

(1) 直接寻址方式。

(2) 用 SI 的寄存器间接寻址方式。

(3) 用 BX 的寄存器相对寻址方式。

(4) 用 BX 和 SI 的基址加变址寻址方式。

(5) 用 BX 和 SI 的相对基址变址寻址。

四、编程题

1. 自 STRING 单元开始的内存区中存有一个 ASCII 码串，其长度在 COUNT 单元中，要把其中的数码取出，转换为未组合的 BCD 码，放到以 BUFFER 单元开始的内存区中，并统计数码的个数，存到 DL 寄存器中。

3.5.2 参考答案

一、选择题

1. A   2. B   3. B   4. A   5. B   6. C   7. ① D、② D   8. D   9. A   10. B

11. D   12. B   13. C   14. A   15. C   16. C   17. D   18. D   19. C   20. A   21. A

22. A   23. B   24. A   25. A   26. D   27. C   28. B   29. A   30. C   31. D   32. C

33. B   34. C   35. B   36. A   37. C   38. C   39. D   40. B   41. A   42. C   43. A

44. C   45. D   46. ①C ②B   47. B   48. A   49. ①B,②D   50. D   51. A   52. D

53. B   54. A   55. B   56. C   57. B   58. C   59. B   60. A   61. C   62. B   63. D

64. D   65. D   66. C   67. D   68. B   69. B   70. C   71. B

二、分析程序题

1. AX=0143H，BX=0A567H

2. AX= 1200H，BX= 5600H，CX= 3400H。

3. ① AND AX, AX,   ② JNC L1

4. ①N   ② ARRAY[SI]

5. ① 10,   ②JL ,   ③ SI,   ④ JNZ

6. ①JLE,   ②CMP,   ③XCHG

7. ① MOV BX, 0,   ② JLE NEXT,   ③ JNZ NEXT,   ④ JNZ AGAIN

8. ① 0100H,   ② JZ NEXT

9. ① CMP,   ② JNL NEXT

10. 程序转到 X3。

11. (1) 该程序段完成的功能是什么？统计以 DATA 开始的 200 个带符号数中大于等于 20 的字节个数，其个数放 DX 中。

(2) 如果将 JL 改为 JG，该程序段完成的功能是什么？统计以 DATA 开始的 200 带符号数中小于等于 20 的字节个数，其个数放 DX 中。

12. 依次将 0～9 的 ASCII 码存入从 BUF 开始的单元中。

13. 在 BUFFER 开始的内存单元中有 10 个 8 位无符号字节数据，找出最大值并送 ARG 单元。

14. 在 BUF 单元开始，存储了 20 个无符号字节数，试编写程序，统计大于等于 60 及小于 60 的个数，并将统计结果分别存放在寄存器 DH 和 DL 中。

15. ①STR[SI]，　②SI，　③LOOP。

16. 将 AL 的内容按相反的顺序存入 BL。

三、简答题

1. 答案：

(1) 源操作数采用直接寻址方式，物理地址 PA = 23567H。

(2) 源操作数采用直接寻址方式，物理地址 PA =ES×16+ 4678H= 5AD78H。

(3) 源操作数采用 SI 的寄存器间接寻址方式，物理地址 PA = DS×16 + EA = 2ABCDH。

(4) 源操作数采用相对基址加变址的寻址方式，物理地址 PA= DS×16 + EA = 2FF1DH。

(5) 源操作数采用寄存器相对寻址方式，物理地址 PA=2ABEBH。

(6) 目的操作数采用基址加变址的寻址方式，该指令使用段超越前缀 ES，物理地址 =6331DH。

(7) 源操作数采用 BX 的寄存器间接寻址方式，物理地址 PA=47650H。

(8) 源操作数采用 BP 的寄存器间接寻址方式，物理地址 PA=4CE96H。

2. 答案：

(1) MOV　DS，5000H

错误。不允许直接向段寄存器送立即数，可改为：

MOV　AX，5000H

MOV　DS，AX

(2) MOV　CX，AL

错误。源操作数和目的操作数类型不一致，可改为：

MOV　CX，AX

(3) MOV　BL，[SI]

正确。

(4) MOV [1200H]，56H

错误。存储器操作数与立即数在同一个指令时，无法确定操作数的类型，必须用 PTR 运算符指出存储器操作数的类型，用 BYTE PTR 指示字节类型，WORD PTR 指示字类型，则第一操作数前应加上 BYTE PTR 或 WORD PTR 说明。可改为：

MOV BYTE PTR [1200H]，56H

(5) PUSH　BL

错误。堆栈指令操作数只能以字为单位进行，而 BL 是一个字节。可改为：

PUSH　BX

(6) MOV　AX，[SI][DI]

错误。使用存储器寻址时，2 个基址寄存器或 2 个变址寄存器不能同时使用，源操作数寻址方式错，2 个寄存器都是变址寄存器。可改为：

MOV　AX，[SI+BX]

(7) XCHG　BX，[1000H]

对。

(8) IN　AH，DX

输入指令从端口读入数据送给累加器 AL 或 AX。可改为：

IN　AL，DX

(9) POP　CS

CS 不能作为目标操作数。可改为：

POP　AX

(10) MOV　[DI]，ES：[BX]

两个存储单元不能直接传送数据。可改为：

MOV　AX，ES：[BX]

MOV　[DI]，AX

(11) IN　AL，1FFH

错误。端口地址 1FFH 为 16 位，端口地址应用 DX 间址。可改为：

MOV　DX，1FFH

IN　AL，DX

(12) RCL　CX，3

错误。当逻辑移位的次数大于 1 时，用 CL 指出移位位数。可改为：

MOV　CL，3

RCL　CX，CL

(13) LEA　ES，[SI]

错误。目的操作数必须是 16 位通用寄存器。可改为：

LEA　BX，[SI]

(14) MOV　DS，ES

错误。段寄存器之间不能直接传送。可改为：

MOV　AX，ES

MOV　DS，AX

(15) MOV　BL，300

错误。500 超出一个字节所表示的范围。可改为：

MOV　BX，300

(16) MOV　BYTE PTR[DI]，400

错误。用 BYTE PTR 指示字节类型，400 超出一个字节所表示的范围，数据不能正确保存，则用 WORD PTR 说明。可改为：

　　MOV　WORD PTR [DI]，400

　　(17) INC　[DI]

　　错误。若操作数为存储单元，则必须指明其操作数的类型，字节或字类型，该指令没指明操作数的类型。

　　可改为：

　　INC　WORD PTR [DI] ；对 DI 所指的字单元的内容加 1

　　INC　BYTE PTR [DI] ；对 DI 所指的字节单元的内容加 1

　　(18) ADD　[DI]，20H

　　错误。立即数和存储器操作数本身没有明确的类型，必须用 PTR 运算符指出存储器操作数的类型。

　　可改为：

　　ADD　BYTE PTR [DI]，20H

　　(19) POP　[AX]

　　错误。AX 不能用于间接寻址，间接寻址只能用 BX、BP、SI、DI 四个寄存器之一。可改为：

　　POP　[BX]

　　(20) MOV　AX，[DX]

　　错误。间接寻址只能用 BX、BP、SI、DI 四个寄存器之一，DX 不能作间接寻址寄存器。可改为：

　　MOV　AX，[SI]

　　(21) ADD　AX，[BX＋BP＋30]

　　错误。使用存储器寻址时，2 个基址寄存器或 2 个变址寄存器不能同时使用，源操作数寻址方式错，2 个寄存器都是基址寄存器。可改为：

　　ADD　AX，[BX＋DI＋30]

　　3. 答案：

　　(1) AND　AX，00FFH

　　(2) OR　AX，0F000H

　　(3) XOR　AX，00FFH

　　4. 答案：

　　(1) AX=1448H，SF=0，ZF=0，AF=1，PF=1，CF=1，OF=0。

　　(2) AX=BCAEH，SF=1，ZF=0，AF=1，PF=0，CF=1，OF=1。

　　(3) AX=2849H，SF=0，ZF=0，AF=X，PF=0，CF=OF=0。

　　5. 答案：

　　(1) 直接寻址方式

　　操作数在存储器中，16 位偏移地址直接包含在指令的方括号中，即：EA=指令给出的数值。直接寻址方式指为 MOV AX, [2C69H], 有效地址 EA=2C69H, 物理地址= DS×16+ EA=32000H+2C69H = 34C69H。

(2) 用 SI 的寄存器间接寻址方式

操作数在存储器中，操作数在段内的偏移地址由指令指定的寄存器 SI 提供。即：EA = 寄存器的值。用 SI 的间接寻址方式指令：

```
MOV AX, [SI]
```
有效地址 EA=2598H

物理地址 = DS×16+ EA

　　　　= 32000 H + 2598 H = 34598H

(3) 用 BX 的寄存器相对寻址方式

有效地址是寄存器 BX 内容与指令给定的位移量(8 位或 16 位)之和，有效地址 EA =[BX/BP/SI/DI]＋[8/16 位位移量]。用 BX 的寄存器相对寻址方式指令：

```
MOV AX, [BX+2C69H]
```
有效地址 EA = 105AH + 2C69 H = 3CC3H

物理地址 = DS×16+ EA = 32000 H + 3CC3 H =35CC3 H

(4) 用 BX 和 SI 的基址加变址寻址方式

有效地址由基址寄存器 BX 的内容加上变址寄存器 SI 的内容，有效地址＝BX＋SI。基址加变址寻址方式指令：

```
MOV AX, [BX + SI]
```
有效地址 EA= 105A H+2598H =35F2 H

物理地址 = 32000 H + 35F2H =355F2 H

(5) 用 BX 和 SI 的相对基址变址寻址

操作数的有效地址是指令中使用基址寄存器 BX 的内容加上变址寄存器 SI 的内容加上指令给定的位移量的内容构成，即：EA = BX 的值＋SI 的值＋位移量。相对的基址加变址的寻址指令：

```
MOV AX, [BX + SI+1B57 H]
```
有效地址 EA=105A H+2598 H + 2C69 H = 625BH

物理地址 = DS×16+ EA

　　　　= 32000 H + 625B H =3825B H

四、编程题

1、
```
        MOV CL, COUNT
        MOV CH, 0
        LEA SI, STRING
        LEA DI, BUFFER
        MOV DL, 0
AGAIN:  MOV AL, [SI]
        INC SI
        CMP AL, 30H('0')
        JB NEXT
        CMP AL, 3AH
```

```
        JAE  NEZT
        AND  AL, 0FH
        MOV  [DI], AL
        INC  DI
        INC  DL
NEXT:   DEC  CX
        JNZ  AGAIN
        HLT
```

第4章 汇编语言程序设计

4.1 基本知识点

4.1.1 汇编语言语句的种类和格式

1. 汇编语言语句的种类

汇编语言语句可分为指令性语句、指示性语句和宏指令语句。

- 指令性语句：能产生目标代码，CPU 可以执行的能完成特定功能的语句。
- 指示性语句：不产生目标代码，仅在汇编过程中告诉汇编程序应如何完成数据定义、符号定义、段定义、存储器分配、过程定义、程序结束等操作。
- 宏指令语句：可把多次使用的同一个程序段定义为一条宏指令，一条宏指令包含若干条指令，当一条宏指令作为语句出现时，该语句称为宏指令语句。调用时可简单地用宏指令名来代替。在汇编时，遇到宏指令就用宏指令体中的指令来代替这条宏指令语句。

2. 汇编语言语句的格式

(1) 指令性语句的格式

[标号：] 助记符 [操作数 1, [操作数 2]] [；注释]

其中方括号[ ]内的项可省略。

指令语句中，标号位于指令之前，是用户为程序中某条指令所指定的名称，是指令的符号地址，标号后面必须紧跟冒号 "："。标号代表该指令在存储器中的首地址，标号可作为转移指令的目标操作数，转移的目标地址可放一标号。注释是以 "；" 开始的字符串，仅用于增加源程序的可读性。

例如：A1：MOV AL, 10H

这是一条指令语句，标号 A1 是它的名字，是该指令第一字节的符号地址。

标号具有 3 种属性：段属性、偏移属性和类型属性。

- 段属性：表示标号所在代码段的起始地址，即 CS 值。
- 偏移属性：表示标号所代表的指令相对于代码段起始地址的字节数。
- 类型属性：有远(FAR)、近(NEAR)两种，分别表示标号所代表的指令与使用该标号做目标地址的控制转移指令，处于不同的代码段还是处于同一代码段中。

(2) 指示性语句的格式

[名字] 伪指令指示符 操作数 1 [，操作数 2，…，操作数 n] [；注释]

其中方括号 [ ] 内的项可省略。

指示性语句中，名字可以是符号常量名、变量名、过程名、段名等，名字后面不能有冒号"："，位于伪指令之前。

例如：A1　DB　10H

这是一条伪指令语句，变量 A1 是它的名字，A1 后面不跟冒号"："。DB 将一个字节 10H 定义给 A1 单元。

变量名是用户为存放数据的存储单元所指定的名称。变量作为操作数出现在指令中时，相当于直接寻址方式。

变量具有 3 种属性：段属性、偏移属性和类型属性。

- 段属性：该单元所在段的起始地址，可以用段寄存器 DS、ES、SS、CS 表示。
- 偏移属性：该单元相对于段内起始地址的字节数。
- 类型属性：该单元所存放的数据长度，可能是字节(BYTE)、字(WORD)、双字(DWORD)等类型。

(3) 宏指令语句的格式

宏用 MACRO 和 ENDM 来定义的，宏名后面不能有"："。格式如下：

宏指令名MACRO ［形式参数 1，形式参数 2，…］

```
语句组
…            ；宏定义体
ENDM
```

经过宏定义的宏指令可以被调用，调用时使用宏指令名调用该宏定义。

宏调用的格式为：

宏指令名 ［实际参数 1，实际参数 2，…］

在需要使用这一程序段的地方只需要写出宏的名字即可，称为宏调用。

4.1.2　常用伪指令

1. 符号定义伪指令

符号定义伪指令是给一个符号重新命名。符号定义伪指令有等值语句 EQU、=、LABEL。

1) 赋值语句(EQU 伪指令)

格式：符号名 EQU 表达式

EQU 将右侧表达式的值赋给左侧的符号名。经 EQU 定义的符号名只能定义一次，不占内存单元。

例：A1　EQU　30　　　；A1 代表常数 30

　　A2　EQU　20　　　；A2 代表常数 20

　　　　A3　EQU　BX　　　　　；A3 代表寄存器 BX

2) 等号语句("="伪指令)

格式：符号名 = 表达式

"=" 伪指令与 EQU 具有相同的功能，区别仅在于使用等号 "=" 定义过的符号可以被重新定义，使其具有新的值，不占内存单元。

例：A1　=　10

　　A1　=　20　　　　　　　　；A1 被重新定义

3) 别名定义语句(LABEL 伪指令)

格式：变量或标号名 LABEL 类型符

把 LABEL 伪指令的下一条语句中变量或标号取了一个新名字，并给这个新名字定义新的类型属性。 LABEL 伪指令可以定义标号的类型是 NEAR 还是 FAR 属性，定义的变量类型可以是字节(BYTE)、字(WORD)、双字(DWORD)等类型。

2. 数据定义伪指令

数据定义伪指令为数据分配存储单元，并给所分配的第一个存储单元指定变量名，同时将相应的存储单元初始化，即为存储单元赋初值。

格式：[变量名] 伪指令指示符 操作数 1[, 操作数 2, …, 操作数 n][; 注释]

伪指令指示符有 DB、DW、DD、DQ、DT。变量名表示所分配的存储单元中的第一个单元的地址。

- DB 定义字节，操作数占用一个字节空间。
- DW 定义字，操作数占用一个字空间。存放时，低位字节存放在低地址单元，高位字节存放在高地址单元。
- DD 定义双字，操作数占用两个字空间。存放时，低位字存放在低地址单元，高位字存放在高地址单元。
- DQ 定义的是四字变量，操作数占用四个字空间。存放时，低位字存放在低地址单元，高位字存放在高地址单元。
- DT 定义的是一个十字节变量，占用 10 个字节空间。

3. 段定义伪指令

段定义伪指令主要有 3 条，分别为 SEGMENT、ENDS 和 ASSUME。

1) SEGMENT/ENDS 段定义伪指令

段定义语句(SEGMENT/ENDS)用来定义各种类型的逻辑段。

格式如下：

```
段名 SEGMENT
    …                ；段内所有语句
段名 ENDS
```

2) ASSUME 伪指令

段分配语句(ASSUME)用来完成段分配功能。

格式如下：

ASSUME 段寄存器名：段名 [，段寄存器名：段名，…]

ASSUME 语句应安排在代码段开始，指出段名与段寄存器名之间的关系，当前定义过的逻辑段分别被设为代码段，数据段，堆栈段或附加段中的一个，段名是用段定义伪指令定义过的名字，段寄存器名可以是 CS、DS、ES、SS 中的一个。

4．子程序定义伪指令

将一些重复出现的语句，并具有一定功能的程序称为子程序，子程序也称为过程。

子程序的格式如下：

```
子程序名 PROC   [NEAR/FAR]    ；过程开始 i
         …                    ；过程体
         RET
子程序名 ENDP                 ；过程结束
```

PROC 与 ENDP 必须成对出现，PROC 定义一个过程，给过程一个名字，并指出该过程的类型属性。

5．地址定位伪指令 ORG

定位伪指令 ORG 指明数据或程序存放的起始地址的偏移量，即从表达式提供的偏移地址开始存放。

格式：ORG 数值表达式

6．汇编指针计数器$

汇编指针用符号"$"表示，在程序中，"$"出现在表达式里，它表示汇编到该伪指令后分配内存单元的偏移地址。

7．结束伪指令 END

格式：END 表达式

END 语句的表达式是该程序中第一条可执行语句的标号。END 语句表示源程序的结束。

4.1.3　运算符

运算符主要有算术运算符、逻辑运算符、关系运算符、分析运算符、设置属性运算符和其他运算符。

1．算术运算符

算术运算符有 7 个，分别是+(加)、-(减)、*(乘)、/(除)、MOD(取余)、SHL(左移)、SHR(右移)。

2. 逻辑运算符

逻辑运算符有 4 个，分别是 AND、OR、NOT、XOR。

3. 关系运算符

关系运算符有 6 个，分别是 EQ(等于)、NE(不等)、LT(小于)、GT(大于)、LE(小于等于)、GE(大于等于)

4. 分析运算符

分析运算符有 5 个，分别是 SEG、OFFSET、TYPE、SIZE、LENGTH。返回变量或标号的 3 个属性值，前 3 个运算符对变量、标号有效，后 2 个仅对变量有效。分析运算符的操作对象：必须是存储器操作数，即变量、标号。

格式：取值运算符　变量名或标号名

1) SEG 运算符

取段地址运算符，该运算返回变量或标号所在段的段地址。

格式：SEG 变量名或标号名

例：MOV　SI, SEG DATA　　　　　；SI←变量 DATA 的段地址

2) OFFSET 运算符

取段内偏移量符，该运算返回变量或标号所在段的段内偏移量。

格式：OFFSET 变量名或标号名

例：MOV　BX, OFFSET BUF　　　　；BX←标号 BUF 的偏移地址

3) TYPE 运算符

格式：TYPE 变量名或标号名

取类型属性运算符，该运算返回变量或标号的类型属性。若运算对象是标号，则返回标号的距离属性值，标号 NEAR 和 FAR 的类型值 TYPE 分别为-1 和-2。若运算对象是变量，则返回变量类型所占字节数。变量类型分别是 BYTE、WORD、DWORD、QWORD 和 TWORD 的类型值 TYPE 分别为 1、2、4、8 和 10 个。

4) LENGTH 运算符

LENGTH 运算符是用来回送分配给该变量的单元数。当变量是用重复数据操作符 DUP 定义的，则返回 DUP 前面的数值(即重复次数)；如果没有 DUP 说明，则返回值总是"1"。

格式：LENGTH 变量

5) SIZE 运算符

该运算符返回变量所占的总字节数，即 SIZE=TYPE×LENGTH。

格式：SIZE 变量

5. 合成运算符

有 3 个，分别是"："、PTR、THIS。对已定义的单个操作数，重新生成段基址、偏移量相同而类型不同的新操作数。PTR、THIS 对存储单元、变量、标号有效。

1) "：" 运算符

格式：段超越前缀：变量或地址表达式

用来给变量、标号或地址表达式临时指定一个段属性。

例：MOV　CX，ES：[3000H]

将附加数据段 ES 中偏移地址为 3000H 字存储单元的内容送 CX，如果没有段超越前缀 ES，默认的是将数据段 DS 中偏移地址为 3000H 的字存储单元的内容送 CX。

2) PTR 运算符

格式：类型　PTR　表达式

PTR 运算符赋予变量或地址表达式一个指定的"类型"属性。

例：DATA　DB　12H，34H

　　　MOV　AX，WORD PTR DATA

在第一条语句中，DATA 被定义字节变量，而在第二条语句中，DATA 被临时指定为字类型。

3) THIS 运算符

格式：THIS　类型

EQU 与 THIS 连用，给指定变量、标号定义新的类型或距离属性，与它下一个数据定义语句的段地址和偏移地址相同。

例：DATA　EQU　THIS　BYTE

　　　DATB　DW　2233H

由 EQU THIS 定义的字节变量 DATA，与它下一个的字变量 DATB 的段地址和偏移地址完全相同，执行指令 MOV AL，DATA 后，AL 的值是 33H。

4.1.4　汇编语言程序设计的基本步骤

对于给定的课题进行程序设计，一般应按下述步骤进行。

(1) 建立数学模型。首先对实际问题进行分析，对问题有一个正确的理解，然后对问题的处理过程用数学方法进行精确描述，即建立一个数学模型。

(2) 确定算法。对问题有了充分理解和精确描述后，根据要求确定解决问题的方法或解题思想(即算法)。一个问题可以有几种算法，通常要根据在解决实际问题时所用的推理方法找出最适用的算法。

(3) 画出流程图。依据算法或解题思想，用流程图把求解问题的步骤和方法直观地描述出来。

(4) 编写汇编语言源程序。根据流程图中每个框的要求，合理选择适当的指令来实现其功能，就是编写程序。

(5) 上机调试。源程序只有经过调试，才能检查出程序中的问题和错误，进行修改。

4.1.5　程序的基本结构与基本程序设计

1. 顺序结构程序

是一种最简单的程序结构，按照指令的书写顺序一个语句紧跟一个语句执行。

2. 分支结构程序

根据一定的条件去判断，若满足条件，则做一种处理，不满足条件，则做另一种处理。能够实现分支的是各种条件转移指令，分支程序一定有判断框，对应于一个入口、多个出口。

条件的判断是先由执行指令如 CMP、TEST 后产生的状态标志位，再由条件转移指令 Jcc 根据标志位的各种情况进行转移，以确定不同的处理过程。分支是通过条件转移指令 Jcc 和 JMP 实现的。分支结构有单分支结构、双分支结构、多分支结构。

条件转移指令可以测试下述条件：大于、大于等于、等于、不等于、小于、小于等于、溢出、未溢出、正、负、奇和偶等。

1) 单分支结构

只有一个分支有语句执行，另一个分支没有语句执行。当条件成立跳转，否则顺序执行分支语句体，注意选择正确的条件转移指令和转移目标地址，流程图如图 4-1 所示。

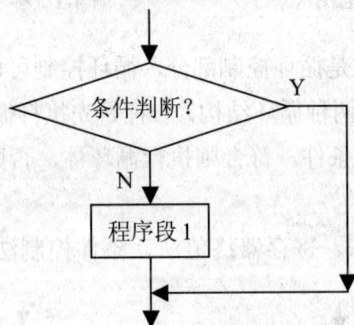

图 4-1　单分支结构框图

2) 双分支结构

两个分支都有语句执行，条件成立跳转执行第 2 个分支语句体，否则顺序执行第 1 个分支语句体，注意第 1 个分支体后一定要有一个 JMP 指令跳到第 2 个分支体后，流程图如图 4-2 所示。

(3) 多分支结构

在有多种条件的情况时采用多分支结构，每一个条件对应各自的分支语句体，哪个条件成立就转入相应分支体执行，即从多个分支中选择一个分支执行。流程图如图 4-3 所示。

3. 循环程序结构

凡是重复执行的操作均可用循环程序来实现。

循环程序通常由 4 个部分组成：

1) 初始化部分：为循环体做准备工作，即进行初始状态的设置。

2) 循环体：从初始化部分设置的初值开始，重复执行的那些操作。

3) 修改部分：为确保每次循环都能正确运行，必须对计数器的值、操作数的地址指针及控制变量按一定的规律修改。

4) 控制部分：需要选择一个恰当的循环条件保证循环程序按预定的循环次数或某种预定的条件正常循环和结束。

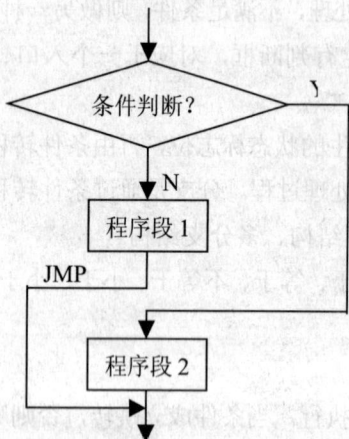

图 4-2　双分支结构框图　　　　　　　图 4-3　多分支结构框图

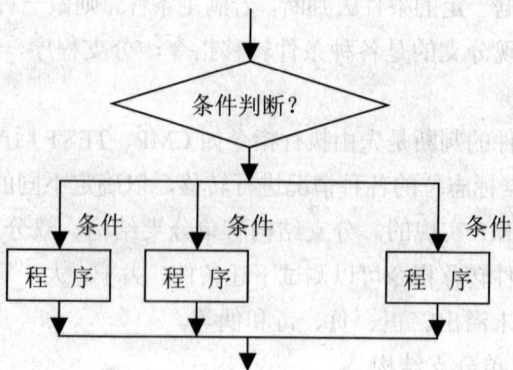

循环结构程序的设计关键是循环控制部分，循环控制可以在进入循环之前进行，也可以在循环体后进行，于是形成两种循环结构，一种是先执行循环体，再判断循环是否结束，另一种是先判断是否符合循环条件，符合则执行循环体，否则退出循环。两种循环结构如图 4-4 所示。

常用的控制方法有计数法、寄存器终值法、条件控制法，下面介绍三种方法。

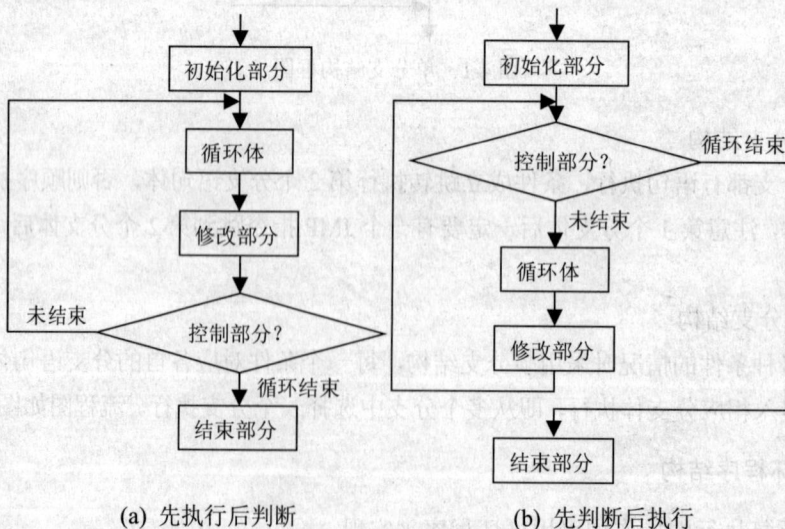

(a) 先执行后判断　　　　　　　(b) 先判断后执行

图 4-4　循环程序的基本结构

4. 子程序结构

一个完整的独立的程序段，它可以多次被其他程序调用，并在这个程序段执行完毕后返回到原调用的程序处。

子程序由一对过程伪指令 PROC 和 ENDP 声明，格式如下：

```
过程名    PROC [NEAR]/[FAR]        ；过程开始
...                                ；过程体
过程名    ENDP                     ；过程结束
```

NEAR 属性只允许段内调用，即被调用的子程序和主程序在同一代码段中，子程序定义为 NEAR 属性。

FAR 属性只允许段间调用，即被调用的子程序和主程序不在同一代码段中，子程序定义为 FAR 属性。

主程序(调用程序)调用子程序需要利用 CALL 指令(被调用程序)，子程序返回主程序需要利用 RET 指令。

4.2　重点与难点

重点：掌握汇编语言的常用伪指令语句的用法，能绘制内存分配示意图。掌握汇编语言程序设计的基本步骤，熟练掌握顺序结构程序、分支结构程序、循环结构程序设计的基本方法，能熟练编写各种汇编语言源程序。

难点：变量的定义及变量的 3 个属性，其中类型属性，变量的类型由定义该变量的伪指令确定，参加操作的两个操作数的类型必须一致，否则会出错。汇编指针计数器$的用法。跟据所要解决的问题选择正确的程序设计方法，正确地运用指令编写实用的汇编语言源程序。

4.3　典型例题精解

4.3.1　伪指令典型例题精解

例 4.1

设数据定义如下，画出数据在内存中的存放形式。

```
BUF1    DB   'AB', 12, 14H, 0, -30
BUF2    DW   'AB', 5678H, 8*10
BUF3    DD   3750H
```

分析：首先要清楚各个变量的数据定义，然后给出各个变量的数据定义在内存中的存储情况。在第一条语句中将常数和字符型数据的值赋予一个字节变量，数值数据要以十六进制形式存入内存，带符号数以补码形式存放，定义字符型数据时，用单引号' '括起来的一个或多个字符被称为字符串，用 DB 能定义任意多个字符，按书写顺序依次把 ASCII 码存入内存中。在第 2 条语句中，给字变量赋初值，DW 只能定义一个或两个字符，按低字节在低地址单元，高字节在高地址单元存放。注意伪指令 DB 和 DW 的区别，操作数都是"AB"两个字符，对于用 DW 定义的字符串'AB'，高字节字符是'A'，所以它存在高地址，这与 DB 按字符顺序依次存入内存有所不同，在第 3 条语句中，给双字变量赋值。图 4-5 给出数据在内存的存放形式。

例 4.2

已知数据段定义如下：

```
DATA    SEGMENT
        ORG  200H
X1      DW  5, $+8, 6, 7
X2      EQU  $-X1
X3      DB  7, 8, X2, 9
DATA    ENDS
```

问：执行指令 MOV AX, X1+2 和 MOV BL, X3+1 后，AX=(   )，BL=(   )。

分析：ORG 将偏移量定为 0200H，在$第一次出现时，分配内存单元的偏移地址为 0202H，$+8=020AH。$第二次出现时，分配内存单元的偏移地址为 0208H；X1 的偏移地址为 0200H，因此，X2=0208H-0200H=8，即$-X1 表示 X1 变量占用的单元数为 8，数据在内存的存放形式如图 4-6 所示。

执行指令 MOV AX, X1+2 后，AX=(DS×16+0200H+0002H)= 020AH

执行指令 MOV BL, X3+1 后，BL=(DS×16+0200H+000AH)=08H。

经分析可知，执行上述指令后 AX=0106H，BL=08H。

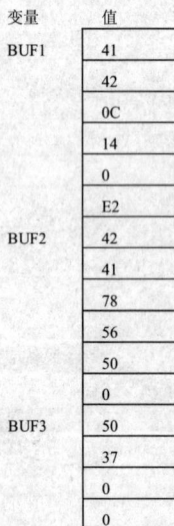

变量	值
BUF1	41
	42
	0C
	14
	0
	E2
BUF2	42
	41
	78
	56
	50
	0
BUF3	50
	37
	0
	0

变量	值	逻辑地址
X1	05H	DS: 0200H
	00H	
	0AH	
	02H	
	06H	
	00H	
	07H	
	00H	
X3	07H	
	08H	
	08H	
	09H	

图 4-5　例 1 内存分配示意图　　　　图 4-6　例 2 数据在内存的存放形式

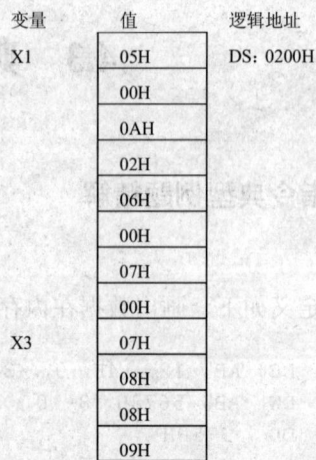

例 4.3

数据段定义如下：

```
DATA    SEGMENT
K1      DB  'ABCD'
K2      DW  2345H
        ORG  200H
K3      EQU  $-K1
DATA    ENDS
```

问各条 MOV 指令单独执行后，各寄存器的内容是多少？

(1) MOV　BX，OFFSET　K2

(2) MOV　AX，K3

(3) MOV　CX，WORD PTR K1+3

分析：K1 的偏移量为 0，K2 的偏移量为 4，ORG 将偏移量定为 200H，在$出现时，分配内存单元的偏移地址为 200H，K3=200H-0=200H，偏移量 K1+3 的存储单元是变量 K1 的最后一字节为 44H，偏移量 K1+4 的存储单元是变量 K2 的第一个字节，变量 K2 低字节为 45H。数据在内存的存放形式如图 4-7 所示。

变量	值	逻辑地址
K1	41H	DS：0000H
	42H	
	43H	
	44H	
K2	45H	DS：0004H
	23H	

图 4-7　例 4.3 数据在内存中的存放形式

指令(1)执行后，BX= K2 的偏移地址 0004H。

指令(2)执行后，AX=0200H。

指令(3)执行后，CX=4544H。

例 4.4

数据段定义如下，已知数据段 DATA 从存储器实际地址 02000H 开始

```
DATA    SEGMENT
KA1     DW  20 DUP (4142H)
KA2     DD  1256H
KA3     DB  'ABCDEFGH'
KA4     DB  10H DUP(0)
DATA    ENDS
```

MOV 指令单独执行后，各寄存器的内容是多少？

(1) MOV　AL，TYPE　KA1

(2) MOV　AH，TYPE　KA2

(3) MOV　BL，TYPE　KA3

(4) MOV　AX，KA1

(5) MOV　CL，LENGTH　KA1

(6) MOV　CH，LENGTH　KA2

(7) MOV　DX，SIZE　KA1

(8) MOV　BP，SIZE　KA2

(9) MOV　SI，SEG　KA1

(10) MOV　DI，SEG　KA4

(11) MOV　DX，OFFSET　KA1

(12) MOV　AX，OFFSET　KA4

分析: 首先要清楚各个变量的数据定义，然后给出变量在内存中的存储内容。KA1、KA2、KA3、KA4 的偏移地址分别为 0000H、0028H、002CH、0034H。数据在内存中存放形式如图 4-8 所示。

变量	值	段地址	偏移地址
KA1	42H	DS=0200H	0000H
	41H		
	42H		
	41H		
	⋮		
KA2	56H		0028H
	12H		
	00H		
	00H		
KA3	41H		002CH
	42H		
	43H		
	44H		
	45H		
	46H		
	47H		
	48H		
KA4	00H		0034H
	⋮		
	00H		003DH

图 4-8　例 4.4 数据在内存中的存放形式

TYPE 类型属性运算符，该运算返回变量或标号的类型值。标号 NEAR 和 FAR 的类型值 TYPE 分别为-1 和-2。变量类型属性 TYPE 用来回送变量中每一个数据项的长度(以字节为单位),因此变量类型 DB、DW、DD、DQ 和 DT 的 TYPE 返回值分别为 1、2、4、8 和 10。通过分析可知,前 3 条指令的执行结果分别是(1) AL=2,(2) AH=4,(3) BL=1。

MOV AX, KA1,这条指令是直接寻址方式,取出 KA1 字单元中的内容 4142H 送 AX,第(4)条指令的执行结果是(4) AX=4142H。

LENGTH 运算符是用来回送分配给该变量的单元数。当变量是用重复数据操作符 DUP 定义的,则返回 DUP 前面的数值(即重复次数);如果没有 DUP 说明,则返回值总是"1"。通过分析可知,第(5)和第(6)条指令的执行结果分别是 (5) CL=20,(6) CH=1。

SIZE 运算符返回变量所占的总字节数。SIZE=TYPE ×LENGTH。通过分析可知,第(7)和第(8)条指令的执行结果分别是(7)DX=40,(8) BP=4。

SEG 运算符可以得到一个标号或变量的段地址。同一段内变量的段基址相同。DATA 段基址为 200H,KA1、KA2 返回的段地址为 200H。第(9)和第(10)条指令的执行结果分别是(9) SI=200H,(10) DI= 200H。

OFFSET 运算符可以得到一个变量的偏移量。第(11)和第(12)条指令的执行结果分别是(11) DX= 0,(12) AX=003AH。

(1) AL=2,(2) AH=4,(3) BL=1,(4) AX=4142H,(5) CL=20,(6) CH=1,(7) DX=40,(8) BP=4,(9) SI=200H,(10) DI= 200H,(11) DX= 0,(12) AX=0034H

例 4.5

设有如下数据段,请画出数据在存储器中的分配示意图,设 DATA 值为 2000H,写出 K1、K2、K3、K4、K5、K6 的偏移地址或常数值。

```
DATA       SEGMENT
           ORG 200H
K1         DB  'ABCDE'
K2         DW  24H
K3         EQU K2-K1
K4         DW  K1
K5         DD  K1
K6         DW  $+6
DATA       ENDS
```

分析:首先要清楚各个变量的数据定义,然后给出变量在内存中的存储内容。K1、K2、K4、K5、K6 的偏移地址分别为 0200H、0205H、0207H、0209H、0213H。

用 DW、DD 定义数据项时,操作数可以是变量名或标号名,DW 将其变量或标号的偏移地址存入存储区,而 DD 将其变量或标号的偏移地址和段地址存入存储区中,低位字(前两个单元)用于存放偏移地址,高位字(后两个单元)用于存放段地址。"$"出现在表达式里,"$"表示汇编到该伪指令后分配内存单元的偏移地址,$=020DH。K2-K1 表示 K1 变量占用的单元数,即 K3 为 5。数据在内存中存放形式如图 4-9 所示。

变量	值	段地址	偏移地址
K1	41H	DS=2000H	0200H
	42H		
	43H		
	44H		
	45H		
K2	24H		0205H
	00H		
K4	00H		0207H
	02H		
K5	00H		0209H
	02H		
	00H		
	20H		
K6	13H		$+6=0213]
	02H		

图 4-9　例 5.5 数据在内存中的存放形式

4.3.2　顺序结构程序典型例题精解

是一种最简单的程序结构,按照指令的书写顺序逐条执行。

例 4.6

设内存 HEX 单元存放一个无符号字节数据,编程将其拆成两位十六进制数并存放在 DATA 和 DATB 单元的低四位,相应的高四位置 0,DATA 存放低位十六进制数,DATB 单元存放高位十六进制数。

源程序如下:

```
DSEG       SEGMENT
HEX        DB  0A6H
DATA       DB  0
DATB       DB  0
DSEG       ENDS
SSEG       SEGMENT  STACK ' STACK '
STA        DB  10 DUP(0)
TOP        EQU  $-STA
SSEG       ENDS
CSEG       SEGMENT
           ASSUME  CS: CSEG, DS: DSEG, SS: SSEG
START:     MOV AX, DSEG                  ; 初始化数据段 DS
           MOV DS, AX
           MOV AX, SSEG
           MOV SS, AX
           MOV SP, OFFSET TOP
```

```
              MOV   AL, HEX                 ; 取数据送 AL 中
              MOV   AH, AL                  ; 送 AH 保存
              AND   AL, 0FH                 ; 保留低 4 位
              MOV   DATA, AL                ; 送 DATA 单元
              AND   AH, 0F0H                ; 保留高 4 位
              MOV   CL, 4
              ROL   AL, CL                  ; 移至低 4 位
              MOV   DATB, AH                ; 送 DATB 单元
              MOV   AH, 4CH
              INT   21H                     ; 返回 DOS 系统
CSEG          ENDS
              END START
```

例 4.7

在内存 X 和 Y 两个单元分别存放无符号字节数据 A 和 B，试计算
$((A+B)\times 4)-B/2$，并将结果存入字单元 Z 中。

分析：在求和时，应考虑结果产生进位的问题，即和有可能扩展为字。本程序用 BL 存字节数据 A 与 B 和的低字节，用 BH 完成进位的累加，即考虑字节相加时向上产生进位。移位指令可实现把一个数乘以或除以 2 的倍数。

源程序如下：

```
DATA          SEGMENT
X             DB  12
Y             DB  36
Z             DW  ?
DATA          ENDS
CODE          SEGMENT
              ASSUME  CS: CODE, DS: DATA
START:        MOV AX, DATA
              MOV DS, AX
              MOV BL, X                ; 取数送 BL 中
              XOR BH, BH               ; 将 BL 中无符号数扩展成一个字
              ADD BL, Y                ; A 与 B 和的低字节送 BL
              ADC BH, 0                ; 加进位，形成和的高字节送 BH
              MOV CL, 2
              SHL BX, CL               ; 计算 $(A+B)\times 4$
              SUB BL, Y                ; 再减 B
              SBB BH, 0                ; 减借位
              SHR BX, 1                ; 再除 2
              MOV Z, BX; 存结果
              MOV AH, 4CH
              INT 21H
CODE          ENDS
              END START
```

4.3.3　分支结构程序典型例题精解

首先确定要判断的条件是什么？即正确选择影响状态标志位的指令和条件转移指令，

再由条件转移指令去判断给定的条件是否满足，决定执行哪一个分支，条件成立的分支要执行哪个任务，条件不成立的分支要执行哪个任务，

1. 单分支程序

例 4.8

设 AX 和 BX 中分别存放一个无符号字数据，找出其中小数送入 MINUS 单元

分析：

无符号数判断大小条件转移语句是：**JA/JAE/JB/JBE/JNA/JNB/JNAE/JNBE**

带符号数判断大小条件转移语句是：**JG/JGE/JL/JLE/JNG/JNL/JNGE/JNLE**

程序段如下：

```
        CMP  AX, BX          ; 两数比较，影响标志位
        JB   L1              ; 第一个数小于第二个数则转到 L1
        MOV  AX, BX          ; 否则将第二个数送到 AX
L1:     MOV  MINUS, AX       ; AX 为最小数送 MINUS 单元
        ……
```

例 4.9

设 AX 中有一个带符号数据，若 AX 中为正数，将其存入 PLUS 单元，否则存入 MINUS 单元。

分析： 判断一个数是否是正数，只须检测该数的符号位 SF(最高位)是否为 0，若为 0，则为正数，否则为负数。

程序段如下：

```
        ……
        AND  AX, AX          ; 影响状态标志位
        JS   M1              ; 测试 AX 的符号位，若为负转 M1
        MOV  PLUS, AX        ; 为正数，将 AX 送 PLUS 单元
        JMP  DONE
M1:     MOV  MIUS, AX        ; 为负数，将 AX 送 MINUS 单元
DONE:   HLT
```

例 4.10

设有两个无符号字节数据 X、Y，分别存放在内存 A 单元和 B 单元中，试编程求 $Z=|X-Y|$，并将结果存入 C 单元中。

分析： 两个无符号数相减，若无借位，则其差即是所求的绝对值；若有借位，则其差是所求绝对值的相反数，对该差求补即可得所求的绝对值。流程图如图 4-10 所示。

源程序如下：

```
DATA    SEGMENT
A       DB  23
B       DB  56
```

```
C       DB  0
DATA    ENDS
CODE    SEGMENT
        ASSUME  CS: CODE, DS: DATA
START:  MOV AX, DATA
        MOV DS, AX
        MOV AL, A
        MOV BL, B
        SUB AL, BL              ; AL=A-B
        JNC GREAT               ; 无借位，差值即为绝对值
        NEG AL                  ; 有借位，对差值求补即为绝对值
GREAT:  MOV C, AL
EXIT:   MOV AH, 4CH
        INT 21H
CODE    ENDS
        END  START
```

在此程序中，可用下面两条指令代替 NEG AL 指令：

```
MOV AL, B
SUB AL, A
```

本题可以先比较两个无符号数的大小，然后用大数减去小数。其程序段如下：

```
        MOV AL, A
        MOV BL, B
        CMP AL, BL             ; AL 与 BL 比较，影响标志位
        JNC L                  ; AL≥BL 转
        XCHG AL, B
L:      SUB AL, B
        MOV C, AL
```

2. 双分支结构程序设计

例 4.11

编写一程序段，已知 BUF 单元有一字节无符号数 X，假设为 9，试根据下列函数关系编写程序求 Y 值(仍为单字节)，并将结果存入 RESULT 单元。

$$Y = \begin{cases} 5X & X < 10 \\ X - 5 & X \geq 10 \end{cases}$$

分析： 本题根据自变量 X 的值确定函数 Y 的值。这是一个根据条件判断产生分支的问题，属于双分支程序结构，首先判断 X≥10 还是 X<10，如果 X≥10，则 Y=X-5，否则 Y=5X。程序流程图如图 4-11 所示。

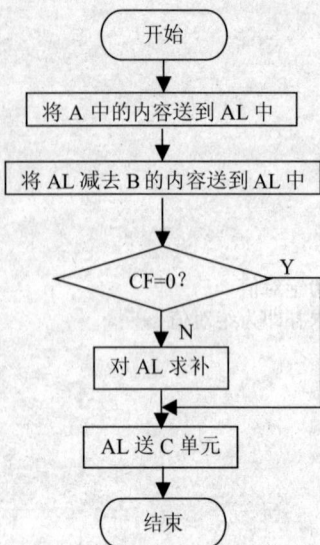

图 4-10　例 4.11 的程序流程图　　　　　图 4-11　例 4.12 的程序流程图

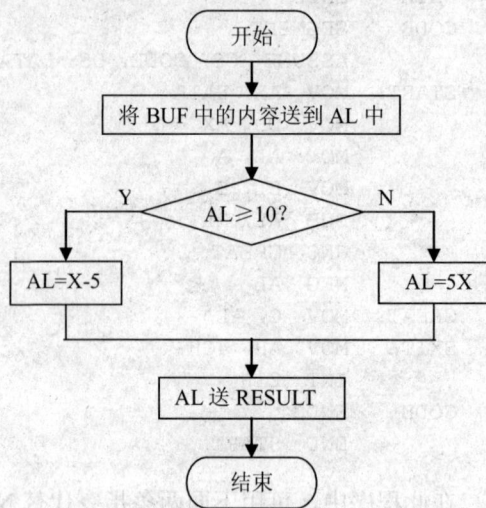

源程序如下:

```
DATA     SEGMENT
BUF      DB  9
RESULT   DB  ?
DATA     ENDS
CODE     SEGMENT
         ASSUME  CS: CODE, DS: DATA
START:   MOV  AX, DATA
         MOV  DS, AX
         MOV  AL, BUF              ; 取自变量 X 送 AL
         CMP  AL, 10               ; X 与 10 比较
         JAE  GREAT                ; X≥10 转 GREAT
         MOV  BL, AL               ; X<10, 计算 5X 送 AL
         ADD  AL, AL
         ADD  AL, AL
         ADD  AL, BL
         JMP  DONE
GREAT:   SUB  AL, 5                ; 计算 X-5 送 AL
DONE:    MOV  RESULT, AL           ; 结果存入 RESULT 单元
         MOV  AH, 4CH
         INT  21H
CODE     ENDS
         END START
```

例 4.13

设在内存 A 单元和 B 单元中存放两个带符号字节数据 X 和 Y,编写程序要求若两个数符号不相同,则互相交换,若同号,则不改变。

分析: 编程思路:判断两数符号位是否相同,即判断两个数的最高位是否相同,若相同即为同号。判断的方法利用 XOR 指令,将两个数异或,异或的结果的最高位状态为 1,

则说明两数异号，否则两数同号。异或结果的最高位状态反映到符号标志 SF 位，最高位为 1，即 SF=1，则两数异号，否则 SF=0，则两数同号。程序流程图如图 4-12 所示。

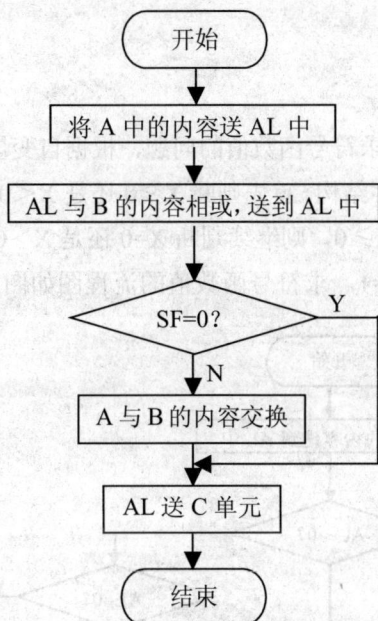

图 4-12　例 4.13 的程序流程图

源程序如下：

```
DATA    SEGMENT
A       DB  -6
B       DB  34
DATA    ENDS
CODE    SEGMENT
        ASSUME  DS: DATA, CS: CODE
START:  MOV AX, DATA
        MOV DS, AX
        MOV AL, A
        XOR AL, B          ; 两数异或，影响标志位
        JS XCHG            ; SF=1，两数异号转
        JMP DONE           ; SF=0，两数同号转
XCHG:   MOV AL, A
        XCHG AL, B
        MOV A, AL          ; 两数交换
DONE:   MOV AH, 4CH
        INT 21H
CSEG    ENDS
        END START
```

3. 多分支程序设计

例 4.14

在内存单元 BUF 中存放着一个 8 位带符号二进制数 X，假定为-25，试根据下列函数

关系编写程序求 Y，并将结果存入 RESULT 单元。

$$Y = \begin{cases} 1 & X \rangle 0 \\ 0 & X = 0 \\ -1 & X \langle 0 \end{cases}$$

分析： 这是一个数学上求符号函数值的问题，根据自变量 X 的值确定函数 Y 的值。有 3 路分支，属于多分支程序结构。首先判断 X≥0 还是 X<0，用 JGE 条件转移指令实现，如果 X < 0 则 Y=−1；如果 X≥0，则继续判断 X=0 还是 X > 0，用 JZ 条件转移指令实现，如果为 0，则 Y=0，否则 Y=1。求符号函数值的流程图如图 4-13 所示。

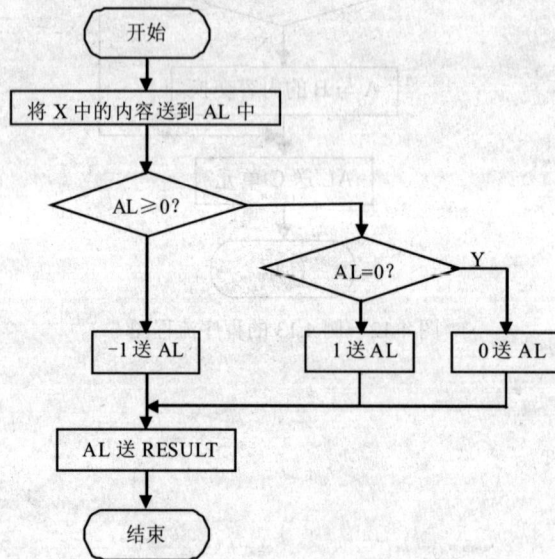

图 4-13　例 4.14 的程序流程图

源程序如下：

```
DATA    SEGMENT
BUF     DB  -25
RESULT  DB  ?
DATA    ENDS
CODE    SEGMENT
        ASSUME  CS: CODE, DS: DATA
START:  MOV AX, DATA
        MOV DS, AX
        MOV AL, BUF         ;取自变量 X 送 AL
        CMP AL, 0
        JGE L1              ;X≥0 转 L1
        MOV AL, -1          ;X<0, -1 送 AL
        JMP L3              ;转结束位置
L1:     JZ L2               ;X=0, 转 L2
        MOV AL, 1           ;X>0, 1 送 AL
        JMP L3              ;转到结束位置
```

```
L2:     MOV  AL, 0
L3:     MOV  RESULT, AL    ; 结果存到 RESULT 单元
        MOV  AH, 4CH
        INT  21H           ; 返回 DOS
CODE    ENDS
        END  START         ; 汇编结束
```

4.3.4 循环结构程序举例

凡是重复执行的操作均可用循环程序来实现。

循环程序通常由 4 个部分组成:

1) 初始化部分: 为循环体做准备, 即进行初始状态的设置。

2) 循环体: 从初始化部分设置的初值开始, 重复执行的那些操作。

3) 修改部分: 为确保每次循环都能正确运行, 必须对计数器的值、操作数的地址指针及控制变量按一定的规律加以修改。

4) 控制部分: 需要选择一个恰当的循环条件保证循环程序按预定的循环次数或某种预定的条件正常循环和结束。

常用的控制方法有计数法, 寄存器终值法, 条件控制法, 下面介绍三种方法。

1. 计数器控制法

当循环次数是已知的情况下, 将计数器的初值设置为规定的循环次数, 每执行一遍循环体, 计数器值减 1, 减到 0, 则退出循环, 否则继续执行循环体。

例 4.15

从 DATA 单元开始连续存放了 50 个单字节带符号数, 编写程序统计这 50 个数据中负元素的个数, 将统计结果存入 DATB 单元。

分析: 此题循环条件次数已知, 送 CX 寄存器中。判断一个数是否是负数, 只须检测该数的符号位 SF(最高位)是否为 1, 若为 1, 则为负数, 否则为正数。程序流程图如图 4-14 所示。

源程序如下:

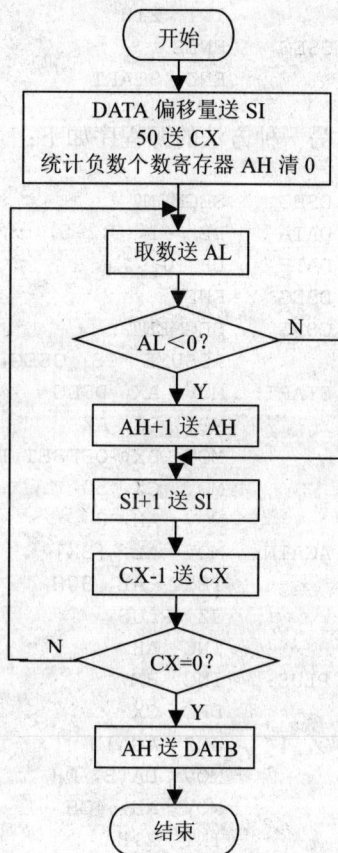

图 4-14 例 4.15 的程序流程图

```
DSEG    SEGMENT
DATA    DB  -1, 3, -5, ..., 67
DATB    DB  0
DSEG    ENDS
CSEG    SEGMENT
```

```
            ASSUME  CS: CSEG, DS: DSEG
START:  MOV  AX, DSEG
        MOV  DS, AX
        MOV  SI, OFFSET DATA    ; 设置地址指针 BX
        MOV  CX, 50             ; 设置循环次数 CX
        MOV  AH, 0             ; 统计负数的个数寄存器 AH 清零
AGAIN:  MOV  AL, [BX]          ; 取一个数据送 AL
        AND  AL, AL            ; 设置标志位, 判断 AL 是否为负数
        JS  NLUS              ; 最高位为 1, 即 X<0 转 NLUS
        JMP  NEXT             ; 不为 1, 即 X≥0 转 NEXT
NLUS:   INC  AH              ; 统计负数的个数寄存器 AH 加 1
NEXT:   INC  SI              ; 修改地址指针
        DEC  CX
        JNZ  AGAIN
        MOV  DATB, AH         ; 存结果
        MOV  AH, 4CH
        INT  21H
CSEG    ENDS
        END  START
```

另一种方法的源程序如下：

```
DSEG    SEGMENT
DATA    DB  -1, 3, -5, …, 56
DATB    DB  0
DSEG    ENDS
CSEG    SEGMENT
        ASSUME  CS: CSEG, DS: DSEG
START:  MOV  AX, DSEG
        MOV  DS, AX
        MOV  BX, OFFSET DATA    ; DATA 的有效地址送 BX
        MOV  CX, 50             ; 设置重复次数 CX
        MOV  AH, 0             ; 计数器清零
AGAIN:  MOV  AL, [BX]          ; 取一个数据送 AL
        TEST  AL, 80H          ; 测试最高位是否为 "1"
        JZ  PLUS              ; 最高位为 0, 为正数转 PLUS
        INC  AH              ; 为负数, 计数器增 1
PLUS:   INC  BX              ; 修改地址指针
        DEC  CX              ; 循环次数减 1
        JNZ  AGAIN           ; CX≠0, 转 AGAIN
        MOV  DATB, DH         ; 保存结果
        MOV  AH, 4CH
        INT  21H
CSEG    ENDS
        END  START
```

例 4.16

自内存 BLOCK 单元开始存放了 100 个带符号字节数据，编写程序找出最大数，并送 MAX 单元。

分析：要在 100 个带符号字节数据中找出最大数，首先定义 100 个数据。先取第一个

数送 AL，将 AL 中的数分别与后面的 99 个数逐个进行比较，在每次比较过程中，如果 AL
中的数大于等于相比较的数，则两数内容不变，否则将大数(相比较的数)送 AL 中。在每次
比较结束时，AL 始终保持被比较的两个数中较大的数，共比较 99 次，则 AL 寄存器中存
放的就是这些数据中的最大数。程序流程如图 4-15 所示。

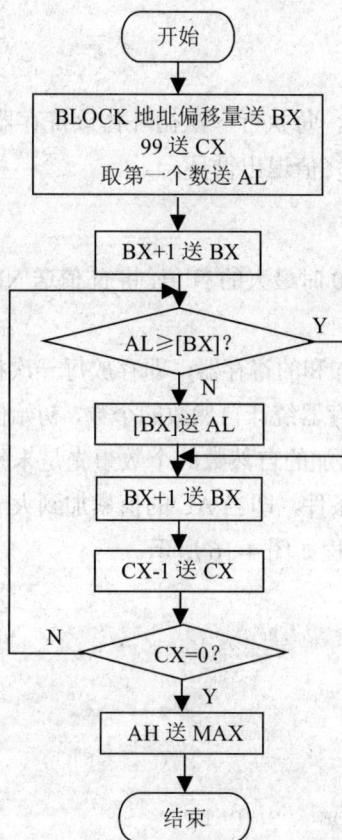

图 4-15　例 4.16 的程序流程图

源程序如下：

```
DATA      SEGMENT
BLOCK     DB   17, -9, -23, …, 97
MAX       DB   ?
DATA      ENDS
DODE      SEGMENT
          ASSUME  CS: CODE, DS: DATA
START:    MOV  AX, DATA
          MOV  DS, AX              ; 设置数据段地址
          MOV  BX, OFFSET BLOCK    ; 设置地址指针
          MOV  AL, [BX]            ; 取第个一数送 AL
          INC  BX                  ; 修改指针
          MOV  CX, 99              ; 设置比较次数
AGAIN:    CMP  AL, [BX]            ; 将 AL 与余下的数逐一比较
          JGE  NEXT                ; 若 AL≥[BX]，转 NEXT
          MOV  AL, [BX]            ; AL 小，则将大数[BX]送 AL
```

```
NEXT:    INC  BX             ; 修改地址指针
         DEC  CX             ; CX-1 送 CX
         JNZ  AGAIN          ; CX 不为 0, 转 AGAIN 继续循环
         MOV  MAX, AL        ; 循环结束, 将最大数送 MAX
CODE     ENDS
         END  START
```

2. 寄存器终值控制法

用一个寄存器存放初始值, 每执行一次循环体该寄存器的值都按某种规律而有所变化, 直到该寄存器值达到某一终值退出循环。

例 4.17

编程求解 1+2+3+…+N<100 时最大的 N 值, 将 N 值送 NUM 单元中, 同时将 1+2+3+…+N 的和送 SUM 单元。

分析: 用 AL 表示存放累加和的寄存器, 即存放每一次相加后的和, 并作为下一次的加数, 初始值设为 0, 用 BL 寄存器统计自然数的个数, 初始值设为 0, 存放其中一个加数, 每次循环后都递增 1。由于被累加的自然数的个数事先是未知的, 因此不能用计数器方法控制循环, 可根据题中给定的条件, 即当 AL 的值累加到大于 100 时则停止累加, 可以根据这一条件控制循环。程序流程如图 4-16 所示。

源程序如下:

```
DATA     SEGMENT
NUM      DB  ?
SUM      DB  ?
DATA     ENDS
CODE     SEGMENT
         ASSUME  CS: CODE, DS: DATA
START:   MOV  AX, DATA
         MOV  DS, AX
         MOV  AL, 0          ; 累加器 AL 清零
         MOV  BL, 0          ; 统计自然数的个数寄存器 BL 清零
AGAIN:   INC  BL             ; BL 加 1
         ADD  AL, BL         ; 求累加和送 AL
         CMP  AL, 100        ; AL 与 100 比较
         JB   AGAIN          ; AL<100 转
         SUB  AL, BL         ; 修正累积和
         DEC  BL             ; 修正 N 值
         MOV  NUM, BL
         MOV  SUM  AL
         MOV  AH, 4CH
         INT  21H
CODE     ENDS
         END  START
```

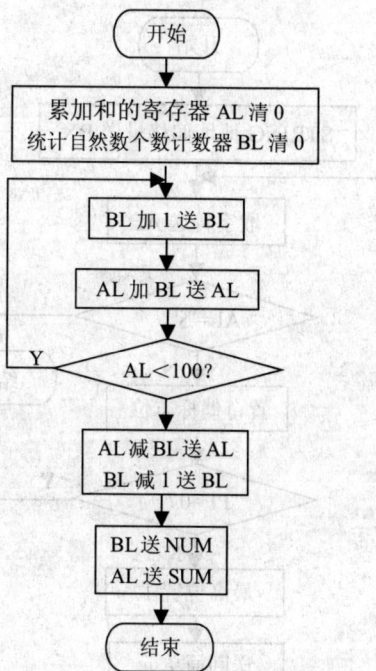

图 4-16 例 4.17 的程序流程图

3. 条件控制法

在循环次数未知的情况，利用本身的结束条件来控制循环结束的方法称为条件控制法。

例 4.18

若自内存 STRING 单元开始存放若干个 ASCII 码字符串，以字符'$'结尾，编制程序将每个字符的最高位作为奇校验位后送入原单元。

分析：字符的标准 ASCII 码采用 7 位二进制编码表示，当用一个字节表示一个字符的 ASCII 码时，它的最高位是空闲的，可作为奇偶校验位。

奇偶性指代码中含 1 的个数是奇数还是偶数。如 'A' 的 ASCII 码为 41H 即 01000001B，有 2 个 "1"，含有 "1" 的个数是偶数，不符合奇校验要求，应在数的最高位置 "1"，可采用指令 OR AL, 80H 或 ADD AL, 80H 完成，从而使字符中含有奇数个 "1"。'E' 的 ASCII 码为 45H 即 01000101B，有 3 个 "1"，含有奇数个 1，已符合奇校验要求，则最高位保持不变。

ASCII 码中 "1" 的个数奇偶数性判断采用奇偶标志位 PF。

$$\begin{cases} JP / JPE, & PF = 1, \text{ "1" 的个数是偶数转} \\ JNP / JPO, & PF = 0, \text{ "1" 的个数是奇数转} \end{cases}$$

程序流程如图 4-17 所示。

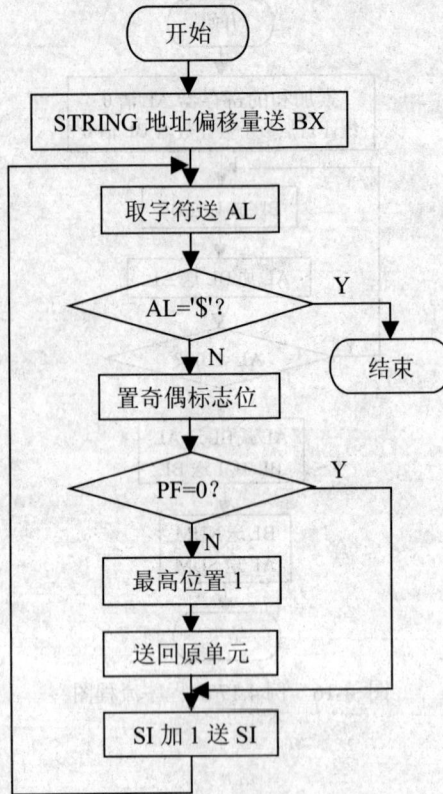

图 4-17　例 4.18 的程序流程图

源程序如下：

```
DATA    SEGMENT
STRING  DB  'ABCDEF$'
DATA    ENDS
CODE    SEGMENT
        ASSUME  CS: CODE, DS: DATA
START:  MOV  AX, DATA
        MOV  DS, AX
        LEA  SI, STRING      ; 字符串首地址偏移量送 SI
AGAIN:  MOV  AL, [SI]        ; 取一个字符的 ASCII 码送 AL
        CMP  AL, '$'         ; 判断是否为结束符
        JZ   DONE            ; 若是转 DONE
        AND  AL, AL          ; 影响状态标志位
        JPO  NEXT            ; 若 AL 有奇数个"1"，转 NEXT
        OR   AL, 80H         ; 否则最高位置"1"
        MOV  [SI], AL        ; 配为奇数个"1"的字符送回原单元
NEXT:   INC  SI
        JMP  AGAIN
DONE:   MOV  AH, 4CH
        INT  21H
CODE    ENDS
        END  START
```

例 4.19

若自 STRING 单元开始存放一个字符串，以字符'$'结尾，编写程序统计这个字符串的长度(不包括$字符)，并把统计结果存放在 COUNT 单元。

分析：该题循环次数是未知的，但可使用条件 '$' 来判定循环是否结束。使用 CX 寄存器统计字符的个数，初始值设为 0。在循环体中，每取出一个字符，都要和 '$' 比较，判断该字符是否为结束符 '$'，如果是则结束循环，否则继续统计。程序流程如图 4-18 所示。

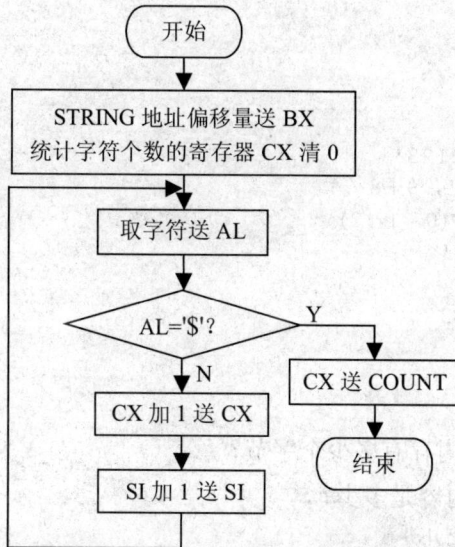

图 4-18　例 4.19 的程序流程图

源程序如下：

```
DSEG    SEGMEMT
STRING  DB  'ABCDEFG$ '
COUNT   DB  0
DSEG    ENDS
CSEG    SEGMENT
        ASSUME  CS: CSEG, DS: DSEG
START:  MOV AX, DSEG
        MOV DS, AX
        LEA SI, STRING
        MOV CX, 0
NEXT:   MOV AL, [SI]    ; 取一个字符送 AL
        CMP AL, '$'     ; 和'$'比较
        JZ  DONE        ; 是结束符'$'，转结束位置
        INC CX          ; 否则计数器加 1
        INC SI          ; 修改地址指针
        JMP NEXT        ; 转循环入口处
DONE:   MOV COUNT, CX   ; 存结果
        MOV AH, 4CH
        INT 21H         ; 返回 DOS
```

```
CSEG    ENDS
END START              ；汇编结束
```

4.4　重要习题与考研题解析

例 4.20

设数据段定义如下

```
DATA    SEGMENT
        ORG  2000H
BUF1    DB  2, 3, '123'
BUF2    DW  4, 'BC', $+8
BUF3    DB  3 DUP (0, 1, 2)
BUF4    DB  'ABCDE'
BUF5    DW  BUF3
BUF6    EQU $-BUF3
DATA    ENDS
```

请回答：

(1) 该数据段占用的内存有多少个字节？

(2) BUF5 单元中的内容是多少？

(3) BUF6 的内容是多少？

(4) 执行"MOV　AL，BUF4＋2"指令后，AL=(　　)。

(5) 执行"MOV　AX，WORD PTR [BUF1＋2]"指令后，AX=(　　)。

(6) 执行"MOV　CH，BUF1＋4"指令后，CH=(　　)。

(7) 执行"MOV　DX，LENGTH　BUF3"指令后，DX=(　　)。

(8) 执行"MOV　BX，BUF2＋4"指令后，AX=(　　)。

(9) 执行"MOV　CL，BUF4"指令后，AX=(　　)。

分析：变量在内存中的存储内容如图 4-19 所示。

(1) 1BH 个单元。

(2) 000BH

(3) 001BH

(4) 执行"MOV　AL，BUF4+2"指令后，AL=(43H)。

(5) 执行"MOV　AX，WORD PTR [BUF1+2]"指令后，AX=(3231H)。

(6) 执行"MOV　CH，BUF1+4"指令后，CH=(33H)。

(7) 执行"MOV　DX，LENGTH　BUF3"指令后，DX=(3)。

(8) 执行"MOV　BX，BUF2+4"指令后，AX=(0011H)。

(9) 执行"MOV　CL，BUF4"指令后，AX=(41H)。

变 量	值	段地址	偏移地址
BUF1	02H	DS:2000H	
	03H		
	31H		
	32H		
	33H		
BUF2	04H	DS:2005H	
	00H		
	43H		
	42H		
	11H	$=0009H	$+8=0011H
	00H		
BUF3	00H	DS:000BH	
	01H		
	02H		
	00H		
	01H		
	02H		
	00H		
	01H		
	02H		
BUF4	41H	DS:0014H	
	42H		
	43H		
	44H		
	45H		
BUF5	0BH	DS:0019H	
	00H		

图 4-19　例 4.20 的内存分配示意图

例 4.21

(2004，北京航空航天大学)阅读程序并完成填空。

若定义如下数据段：

```
DATA    SEGMENT
        ORG  1000H
DAT1    DB   'ABC ' , -2，12H
DAT2    DW   3，'AB' , $＋4
```

```
DAT3    DB  2 DUP(1, 2, 3 DUP(?))
DATA    ENDS
```

试写出下列指令执行后，AX=(　①　)，BX=(　②　)，CX=(　③　)。

```
MOV BX,   DAT2+4
MOV CH,   DAT3
MOV AX,   WORD PTR[DAT1+2]
MOV CL,   LENGTH DAT3
SHL AX,   CL
OR  BX,   0F000H
```

分析：首先要清楚各个变量的数据定义，然后给出各个变量的数据定义在内存中的存储情况。在第一条语句中将常数和字符型数据的值赋予一个字节变量，数值数据要以十六进制形式存入内存，带符号数以补码形式存放，定义字符型数据时，用单引号''括起来的一个或多个字符被称为字符串，用 DB 能定义任意多个字符，按书写顺序依次把 ASCII 码存入内存中。在第 2 条语句中，给字变量赋初值，DW 只能定义一个或两个字符，按低字节在低地址单元，高字节在高地址单元存放。"？"表示不写入数据，但保留对应的存储单元，用 n DUP(a,b,…)形式表示存入的数据以括号中的规律重复地排列 n 次。图 4-20 给出了数据在内存的存放形式。

变量	值	段地址	偏移地址
DAT1	41H	DS	1000H
	42H		
	43H		
	FEH		
	12H		
DAT2	03H		1005H
	00H		
	42H		
	41H		
	0DH		1009H
	10H		
DAT3	01H		100BH
	02H		
	–		
	–		
	–		
	01H		
	02H		
	–		
	–		
	–		

图 4-20　例 4.21 数据在内存中的存放形式

答案：① 0F90CH， ② F00DH， ③ 0102H。

4.5 习题及参考答案

4.5.1 习题

1. 数据段定义如下：

```
DATA    SEGMENT
K1      DB 'ABCD' , 0
K3      EQU $－K1
DATA    ENDS
```

则 K3 的值为(　　)。

2.

```
K1      DB  4 DUP(0, 2 DUP (1, 0))
COUNT EQU $－K1
```

符号 COUNT 的值是(　　)。

3. 数据段定义如下：

```
DATA    SEGMENT
K1      DB 'AB'
K2      DW 1234H
K3      DW 'AB'
DATA    ENDS
```

各条 MOV 指令单独执行后，各寄存器的内容是多少？

(1) MOV   AX，WORD PTR K1

(2) MOV   BX，K2

(3) MOV   CX，K3

4. 设数据定义如下，画出数据在内存中的存放形式。

```
X       DB 5, ?
        DB ?, 10
Y       DW ?, 15
Z       DB 2 DUP (11,?,15)
```

5. 已知数据段定义如下：

```
DATA    SEGMENT
        ORG 200H
X1      DW 5, 6, 7
X2      EQU $-X1
X3      DB 8, X2, 9
DATA    ENDS
```

问：变量 X3 的地址偏移量是(　　)，执行指令 MOV　AL，X3 后，AL=(　　)。

6. (2003，西南交通大学) 下面是多字节加法程序，第一个数是 8A0BH，第二个数是 D705H，请将程序填充完整。

```
DATA    SEGMENT
FIRST   DB  ( ① ),( ② )
SECOND  DB  ( ③ ),( ④ )
DATA    ENDS
CODE    SEGMENT
        ASSUME  CS: CODE, DS: DATA
START:  MOV AX, DATA
        MOV DS, AX
        MOV CX, (⑤   )
        MOV SI, 0
        ( ⑥ )
NEXT:   MOV AL, SECOND[SI]
        ADC FIRST[SI], AL
        INC SI
        LOOP NEXT
        MOV AL, 0
        ADC AL, ( ⑦ )
        MOV FIRST[SI], AL
        MOV AH, 4CH
        INT 21H
CODE    ENDS
        END START
```

7. 现有程序如下：

```
DATA    SEGMENT
X       DW  2336
Y       DW  0F066H
Z       DB  0
DATA    ENDS
CODE    SEGMENT
        ASSUME  CS: CODE, DS: DATA
START:  MOV AX, DATA
        MOV DS, AX
        MOV AX, X
        CMP AX, Y
        JZ  LESS
        JG  GREAT
        MOV BYTE PTR Z, -10
        JMP EXIT
LESS:   MOV BYTE PTR Z, 0
        JMP EXIT
GREAT:  MOV BYTE PTR Z, 10
EXIT:   MOV AH, 4CH
        INT 21H
CODE    ENDS
        END START
```

请回答：

(1) 该程序完成什么功能？

(2) 程序运行完毕后，Z 中的内容是什么？

8. 现有如下程序：

```
DATA    SEGMENT
DAT1    DB  0F3H
DAT2    DB  0
DATA    ENDS
CODE    SEGMENT
ASSUME  CS: CODE, DS: DATA
START:  MOV  AX, DATA
        MOV  DS, AX
        MOV  AL, DAT1
        TEST AL, 80H
        JZ  L
        NEG  AL
L:      MOV  DAT2, AL
        MOV  AH, 4CH
        INT  21H
CODE    ENDS
        END  START
```

请回答：

(1) 该程序完成什么功能？

(2) 程序运行后，S 中的内容是什么？

9. 编程完善，判断 MEM 单元中的字数据，若是正数存入 MEMA 单元，若是负数存入 MEMB 单元。所编制的程序中有 4 处空白请填上适当的原句。

```
DATA    SEGMENT
MEM     DW  1526H
MEMA    DW  ?
MEMB    DW  ?
DATA    ENDS
CODE    SEGMENT
        ASSUME  CS: CODE, DS: DATA
START:  MOV  AX, DATA
        MOV  DS, AX
        LEA  SI, MEM
AGAIN:  MOV  AX, [SI]
        ( ① ) AX, 8000H
        ( ② ) P1
        MOV  ( ③ ), AX
        JMP  DONE
P1:     MOV  ( ④ ), AX
DONE:   MOV  AH, 4CH
        INT  21H
CODE    ENDS
        END  START
```

10. 阅读下面的程序，回答问题

```
DATA    SEGMENT
        ORG 2000H
BUF1    DB  'ABCDE'
N       EQU $-BUF
BUF2    DB  N DUP(?)
DATA    ENDS
CODE    SEGMENT
        ASSUME  CS: CODE, DS: DATA
START:  MOV AX, DATA
        MOV DS, AX
        LEA SI, BUF1
        LEA DI, BUF2
        MOV CX, N
NEXT:   MOV AL, [SI]
        ADD AL, 20H
        MOV [DI], AL
        INC SI
        INC DI
        DEC CX
        JNZ NEXT
        MOV AH, 4CH
        INT 21H
CODE    ENDS
        END START
```

(1) 画出从 BUF1 开始的 N 个字节单元的内存分配图。

(2) 程序执行后，画出从 BUF2 开始的 N 个字节单元的内存分配图。

(3) 找出一条指令代替指令"ADD AL，20H"，使程序功能不变。

11. 某数据段定义如下：

```
DATA    SEGMENT
        ORG  200H
K1      DB   'ABCD'
K2      DW   2345H
DATA    ENDS
```

(1) 执行 MOV　AX , OFFSET K1 指令后， AX=(　　)。

(2) 执行 MOV　BX , OFFSET K2 指令后， BX=(　　)。

12. 设数据段定义如下

```
DATA    SEGMENT
        ORG  4000H
BUF1    DB   12H, 34H, '123'
BUF2    EQU  $-BUF1
BUF3    DW   5678H,9ABCH
DATA    ENDS
```

请回答：

(1) 执行"MOV AX，BUF2"指令后，AX=( )。

(2) 执行"MOV BX，BUF3＋2"指令后，BX=( )。

13. 某数据段定义如下：

```
DATA    SEGMENT
        ORG   200H
K1      DB    'ABCD'
K2      EQU   $-K1
K3      DW    2345H,K2, 7
DATA    ENDS
```

(1) 执行 MOV AL，K1 指令后，AL=( )。

(2) 执行 MOV AX，K3+2 指令后，AX=( )。

14. 在 ALF 单元开始，存有两个非压缩的 BCD 码 08H，09H，将其转为 ASCII 码并存入 BLF 单元开始的存储区中。

15. 在内存的数据段有一英文大写字母 ABCDEFG…Z 的 ASCII 码表，其表首地址为 TABLE，现 DATA 单元存有任意一个英文大写字母，查表求此英文字母的 ASCII 码，存入 DATB 单元中。

16. 编写程序统计 BX 寄存器中 "0" 的个数，将结果送往 CX 寄存器中。

17. 若自内存 BLOCK 单元开始存放了若干个无符号字节数据，数据个数存放在 COUNT 单元中，试编写程序找出最小奇数，把它放在 BUF 单元中。

18. 将 DATA 单元中的一位十六进制数(00H～0FH)转换成对应的 ASCII 码，并存放在 BUF 单元。

19. 根据下列要求用段定义语句和数据定义语句设置一数据段 DATA。

(1) BLOCK1 为一字符串变量： 'HELLO'；

(2) BLOCK2 为预留 10 个字节存储单元，内容不定；

(3) BCD 为十进制字节变量：56；

(4) COUNT 为一符号常量，其值为上面四变量所用字节数。

(5) C 为常量：30

(6) D 为字变量：BLOCK2NT

4.5.2 参考答案

1. 5

2. 20

3. (1)AX=4241H，(2)BX=1234H，(3)CX=4142H

4. "？"表示不写入数据，但保留对应的存储单元，用 n DUP(a,b,…)形式表示存入的数据以括号中的规律重复排列 n 次。如图 4-21 所示。

X	5
	—
	—
	0A
Y	—
	—
	0F
	0
Z	0B
	—
	0F
	0B
	—
	0F

图 4-21　内存的存放形式

5. 206H，08H

6. ①0BH，② 8AH，　③ 05H，④ 0D7H，⑤ 2，　⑥ CLC，⑦ 0，

7.

(1) 该程序完成什么功能？

$$Z=\begin{cases}-10 & X<Y\\ 0 & X=Y\\ 10 & X>Y\end{cases}$$

(2) 程序运行完毕后，Z 中的内容是什么？

Z=10

8. (1)该程序完成什么功能？

对 DAT1 单元中存放的带符号字节数取绝对值送 S。

(2) 程序运行后，S 中的内容是什么？

11110011→00001101B=0DH→DAT2

9. TEST，　JZ，　MEMB，MEMA

10.

(1) 画出内存分配图，如图 4-22 所示。

变量	值	偏移地址
BUF1	41H	2000H
	42H	2001H
	43H	2002H
	44H	2003H
	45H	2004H

图 4-22　执行前的内存分配图

(2) 程序执行后，从 BUF2 开始的 N 个字节单元中的内容是 61H，62H，63H，64H。如图 4-23 所示。

变量	值	偏移地址
BUF1	41H	2000H
	42H	2001H
	43H	2002H
	44H	2003H
	45H	2004H
BUF2	61H	2005H
	62H	2006H
	63H	2007H
	64H	2008H
	65H	2009H

图 4-23　执行后的内存分配图

(3) 用指令"ADD AL，20H"代替指令"OR AL，20H"，程序功能不变。

11. K1=0200H，K2=0204H

12. AX=05H，BX=9ABCH

13. AL=41H，AX=0004H

14. 一个非压缩码占用一个字节，且高 4 位为 0，转为 ASCII 码时，应将其高 4 位加 3，可通过 ADD DL，30H 或 OR DL，30H 实现。

```
DATA      SEGMENT
ALF       DB  08H, 09H
BLF       DB  ?
DATA      ENDS
CODE      SEGMENT
          ASSUME  CS: CODE, DS: DATA
START:    MOV AX, DATA
          MOV DS, AX
          MOV BX, OFFSET ALF
          MOV SI, OFFSET BLF
          MOV DL, [BX]; 取第一个数
          ADD DL, 30H; 转为 ASCII 码
          MOV [SI], DL
          INC BX
          INC SI
          MOV DL, [BX]
          ADD DL, 30H
          MOV [SI], DL
CODE      ENDS
          END START
```

15.

英文大写字母的 ASCII 码表

序号	字母	MEMORY	
0	A	41H(A′)	TABLE
1	B	42H(B′)	
2	C	43H(C′)	
3	D	44H(D′)	
4	E	45H(E′)	
5	B	46H(F′)	
⋮	⋮	⋮	
⋮	⋮	⋮	
25	Z	5AH(Z′)	

分析： 英文大写字母的 ASCII 码值的地址为 TABLE 表的首地址与英文大写字母在 ASCII 码表中的序号之和。可以用 XLAT 指令，也可以不用。

采用 XLAT 指令，程序如下：

```
DSEG    SEGMENT
TABLE   DB  41H, 42H, …, 5AH      ; 定义ASCII 表
DATA    DB  ' D '
DATB    DB  ?
DSEG    ENDS
CSEG    SEGMENT
        ASSUME  CS: CSEG, DS: DSEG
START:  MOV AX, DSEG
        MOV DS, AX
        MOV BX, OFFSET TABLE    ; 表的首地址偏移量送BX
        MOV AL, DATA
        SUB AL, 41H             ; D对应的序号3送AL
        XLAT                    ; AL=44H(D的ASCII 码)
        MOV DATB, AL
        MOV AH, 4CH
        INT 21H
CSEG    ENDS
        END  START
```

不采用 XLAT 指令，程序如下：

```
DSEG    SEGMENT
TABLE   DB  41H, 42H, …, 5AH      ; 定义ASCII 表
DATA    DB  ' D '
DATB    DB  ?
```

```
DSEG      ENDS
CSEG      SEGMENT
          ASSUME  CS: CSEG, DS: DSEG
START:    MOV  AX, DSEG
          MOV  DS, AX
          MOV  BX, OFFSET TABLE    ; 表的首地址偏移量送 BX
          MOV  AH, 0
          MOV  AL, DATA
          SUB  AL, 41H
          ADD  BX, AX
          MOV  AL, [BX]
          MOV  DATB, AL
          MOV  AH, 4CH
          INT  21H
CSEG      ENDS
          END START
```

16.

第 1 种解法:

```
CODE      SEGMENT
          ASSUME  CS: CODE
START:    MOV  CX, 0
AGAIN:    CMP  BX, 0
          JZ  STOP
          SHL  BX, 1
          JC  AGAIN
          INC  CX
          JMP  AGAIN
STOP:     MOV  AH, 4CH
          INT  21H
CODE      ENDS
          END  START
```

第 2 种解法:

```
CODE      SEGMENT
          ASSUME  CS: CODE
START:    MOV  CX, 0
NEXT:     AND  AX, AX
          JZ  ST0
          SHL  AX, 1
          JC  NEXT
          INC  CX
          JMP  NEXT
          MOV  AH, 4CH
          INT  21H
CODE      ENDS
          END  START
```

第 3 种解法：

```
DATA     SEGMENT
DAT      DW 30
CONUT    DB 16
DAT1     DB ?
DATA     ENDS
CODE     SEGMENT
         ASSUME CS: CODE, ,DS: DATA
START:   MOV AX, DATA
         MOV DS, AX
         MOV CL, 0
         MOV AX, DAT
         MOV CH, COUNT
AGAIN:   ROL AX, 1
         JNC NEXT
         INC CL
NEXT:    DEC CH
         JNZ AGAIN
         MOV DAT1, CL
         MOV AH, 4CH
         INT 21H
CODE     ENDS
         END START
```

17.

```
DATA     SEGMENT
BLOCK    DB 28, 52, 77, 92, 83, ..., 56
COUNT    EQU $ - BLOCK
ODD      DB ?
DATA     ENDS
CODE     SEGMENT
         ASSUME CS: CODE, DS: DATA
START:   MOV AX, DATA
         MOV DS, AX
         MOV CX, COUNT
         MOV AH, 255
         MOV SI, OFFSET BLOCK
AGAIN:   MOV AL, [SI]
         TEST AL, 01H
         JZ NEXT
         CMP AL, AH
         JAE NEXT
         MOV AH, AL
NEXT:    INC SI
         DEC CX
         JNZ AGAIN
         MOV ODD, AH
         MOV AH, 4CH
         INT 21H
CODE     ENDS
         END START
```

18.

```
DSEG     SEGMENT
DATA     DB 05H
BUF      DB ?
DSEG     ENDS
CSEG     SEGMENT
         ASSUME  CS: CSEG, DS: DSEG
START:   MOV  AX, DSEG
         MOV  DS, AX
         MOV  AL, DATA
         CMP  AL, 0AH
         JC  AMA
         ADD  AL, 7
AMA:     ADD  AL, 30H
         MOV  BUF, AL
         MOV  AH, 4CH
         INT  21H
CSEG     ENDS
         END  STSRT
```

19.

```
DATA     SEGMENT
BLOCK1   DB   'HELLO '
BLOCK2   DB  10 DUP(?)
BCD      DB  56
COUNT    EQU $－BLOCK1
CNT      EQU 30
D        DW  BLOCK2
DATA     ENDS
```

第5章 存 储 器

5.1 基本知识点

5.1.1 存储器概述

1. 存储器的分类

存储器是计算机中用来存储程序和数据的部件，是计算机系统中必不可少的组成部分，可分为内存储器和外存储器。内存储器也称为主存储器，通常由半导体器件组成，CPU通过总线可以直接对其进行访问；外存储器又称为辅助存储器，它存储的数据和程序要通过接口电路输入到内存储器后才能供 CPU 处理。此章主要针对内存储器进行介绍。存储器的具体分类如图 5-1 所示。

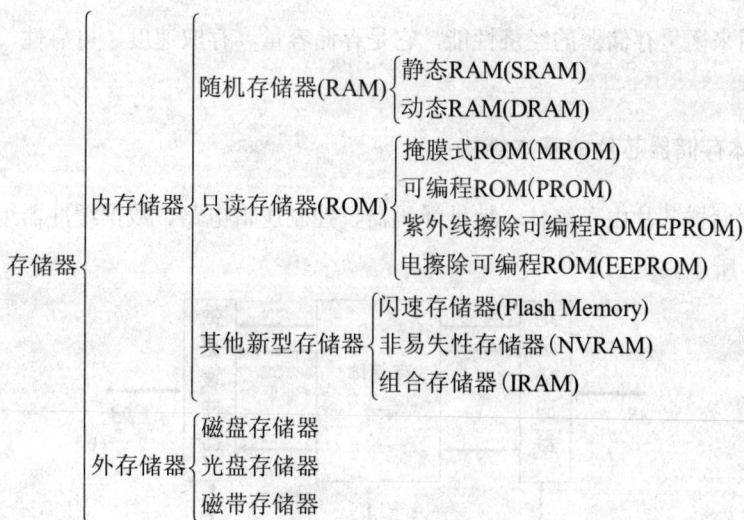

图 5-1 存储器的分类

随机存储器(Random Access Memory，简称 RAM)主要用来存放各种现场的输入、输出数据及中间结果，与外存交换信息和作堆栈用，其存储单元内容按需要既可读出，也可写入或改写。

只读存储器(Read Only Memory，简称 ROM)的信息在使用时是不能改变的，即不可写入，只能读出信息，一般用来存放固定的程序，如微机的管理、监控程序、汇编程序以及各种常数、函数表等。

2. 存储器的性能指标

1) 存储容量

存储容量指存储器可以容纳的二进制数的位数，其最小单位为位(bit)。一位只能存储一个二进制数。存储容量的基本单位为字节(byte)。其他还有千字节(KB)、兆字节(MB)、吉字节(GB)等。

2) 存取速度

存取速度是用存取时间来度量的，它是指从 CPU 给出有效的存储器地址到存储器输出有效数据所需要的时间。一般以纳秒(ns)为单位。

3) 可靠性

可靠性指在规定时间内存储器无故障工作的情况。一般用平均无故障时间(MTBF)衡量。

4) 功耗

功耗反映了存储器耗电的多少，同时也反映了它的发热程度。功耗小，对其工作稳定性有利。

5) 性价比

性价比用来衡量存储器的经济性能，它是存储容量、存取速度、可靠性、价格等的一个综合指标。

3. 半导体存储器芯片的基本结构

半导体存储器芯片由存储体、地址译码器、控制逻辑电路、数据缓冲器组成，其基本结构如图 5-2 所示。

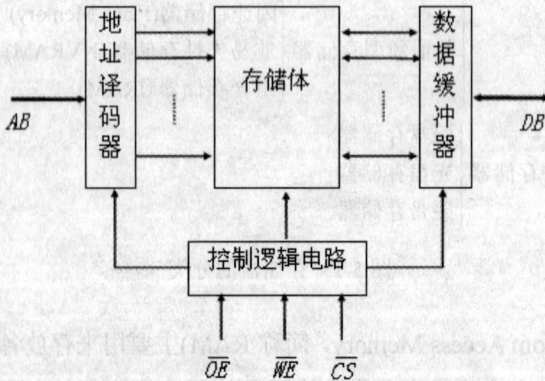

图 5-2　半导体存储器芯片组成示意图

5.1.2　随机存储器

1. 静态 RAM

静态 RAM(SRAM)具有如下特点：

- 由 6 个 MOS 管构成的触发器作为基本存储电路。
- 集成度高于双极型，但低于动态 RAM。
- 不需要刷新，故可省去刷新电路。
- 功耗比双极型的低，但比动态 RAM 高。
- 易于用电池作为后备电源。
- 存取速度较动态 RAM 快。

典型的 SRAM 芯片有 Intel2114(1K×4)、2142(1K×4)、6116(2K×8)、6232(4K×8)、6264(8K×8)和 62256(32K×8)等。各芯片的功能基本差不多，主要是容量有差别。这里仅以 Intel2114 芯片为例，该芯片为 18 引脚封装，+5V 电源，其引脚图和逻辑符号如图 5-3 所示，各引脚功能见表 5-1。

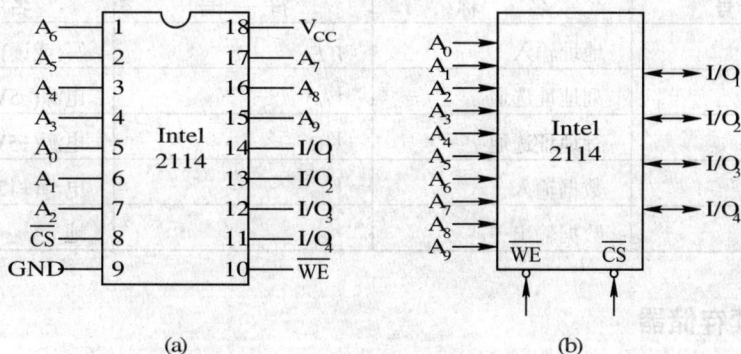

图 5-3　Intel 2114 引脚及逻辑符号

(a) 引脚；(b) 逻辑符号

表 5-1　Intel2114 芯片各引脚功能说明

符　　号	名　　称	功 能 说 明
$A_0 \sim A_9$	地址线	接相应的地址总线，用来对某存储单元寻址
$I/O_1 \sim I/O_4$	双向数据线	用于数据的写入和读出
$\overline{CS}$	片选线	低电平时，选中该芯片
$\overline{WE}$	写允许线	$\overline{CS}=0$，$\overline{WE}=0$ 时写入数据
		$\overline{CS}=0$，$\overline{WE}=1$ 时读出数据
V_{CC}	电源线	+5V

CPU 总线与 SRAM 的连接方法：

(1) 低位地址线、数据线、电源线直接相连。

(2) 高位地址线经译码后连接 SRAM 的片选信号 $\overline{CS}$ (或 $\overline{CE}$)。

(3) 控制总线组合形成读/写控制信号 $\overline{WE}$ 或 $\overline{OE}/\overline{WE}$ 。

2. 动态 RAM

动态 RAM(DRAM)具有如下特点：

- 基本存储电路用单管线路组成(靠电容存储电荷)。
- 集成度高。
- 比静态 RAM 的功耗更低。
- 价格比静态便宜。
- 需要定时刷新。

动态 RAM 芯片都是设计成位结构形式，即每个存储单元只有一位数据位，一个芯片上含有若干个字，如 4K×1 位、8K×1 位、16K×1 位等。典型的动态 RAM 有 Intel 2116(16K×1 位)、2164(64K×1 位)。以 Intel2116 为例，介绍该芯片各引脚功能，见表 5-2。

表 5-2　Intel2116 芯片各引脚功能说明

符　号	名　称	符　号	名　称
$A_0 \sim A_6$	地址输入	$\overline{WE}$	写(或读)允许
$\overline{CAS}$	列地址选通	V_{BB}	电源(-5V)
$\overline{RAS}$	行地址选通	V_{CC}	电源(+5V)
D_{in}	数据输入	V_{DD}	电源(+12V)
D_{out}	数据输出	V_{SS}	地

5.1.3　只读存储器

只读存储器的特点是非易失性，即掉电后再上电时存储信息不会改变，它主要用来保存固定的程序和数据。按信息写入的方式不同可以分为掩膜式 ROM、PROM、EPROM、EEPROM 等，其区别如下：

掩膜式 ROM： 固定的程序代码及信息直接注入芯片内，用户不能修改其内容。

PROM： 可允许一次编程，但此后不能再对写入的内容进行修改或擦除。

EPROM： 用紫外光擦除，擦除后可编程；并允许用户多次擦除和编程。

EEPROM(E²PROM)： 采用加电方法在线进行擦除和编程，也可多次擦写。

Flash Memory(闪存)： 能够快速擦写的 EEPROM，但只能按块(Block)擦除。

5.1.4　半导体存储器与微处理器的连接

存储器与微处理器的连接，主要是考虑存储芯片的数据线、地址线、片选端、读写控制线与微处理器的数据总线、地址总线和控制总线之间的连接问题。存储芯片与控制总线、数据总线的连接比较简单，难点在于存储芯片与地址总线的连接。存储芯片与地址总线的连接，本质上就是要在地址分配的基础上实现地址译码，保证 CPU 能对存储器中的所有单元正确寻址。存储器地址线连接的重点是片选控制信号的译码，即片间寻址，根据译码方式的不同，可以分为全译码法、部分译码法和线选法等，下面简要介绍这几种方法：

1. 全译码法

全译码法是将地址总线中除片内地址以外的全部高位地址接到译码器的输入端参与译码。采用该方法，每个存储单元的地址都是唯一的，不存在地址重叠，但译码电路复杂，连线也较多。

2. 部分译码法

部分译码法是将高位地址线中的一部分(而不是全部)进行译码，产生片选信号。该方法常用于不需要全部地址空间的寻址能力。

采用部分译码时，由于未参加译码的高位地址与存储器地址无关，所以存在地址重叠问题。当选用不同的高位地址线进行部分译码时，其译码对应的地址空间也不同。

3. 线选法

线选法是指高位地址线不经过译码，直接作为存储芯片的片选信号。每根高位地址线接一块芯片，用低位地址线实现片内寻址。该方法的优点是结构简单，缺点是地址空间浪费大，整个存储器地址空间不连续，而且由于部分地址线未参加译码，还会出现地址重叠。

此外，在 8086 系统中，存储器采用分体结构，即 1MB 的存储空间分成两个 512KB 的存储体，一个存储体中包含偶数地址，另一个存储体包含奇数地址。CPU 的数据总线共 16 根：$D_{15} \sim D_8$、$D_7 \sim D_0$。当 $\overline{BHE}$ 有效时，选定奇地址存储体(高位库)；当 $A_0=0$ 时，选定偶地址存储体(低位库)。低 8 位数据总线 $D_7 \sim D_0$ 与偶地址存储体固定相连；高 8 位数据总线 $D_{15} \sim D_8$ 与奇地址存储体固定相连。$\overline{BHE}$ 和 A_0 互相配合，使 CPU 可以访问两个存储体中的一个字。图 5-4 所示为 8086 存储器高低位库的连接示意图。

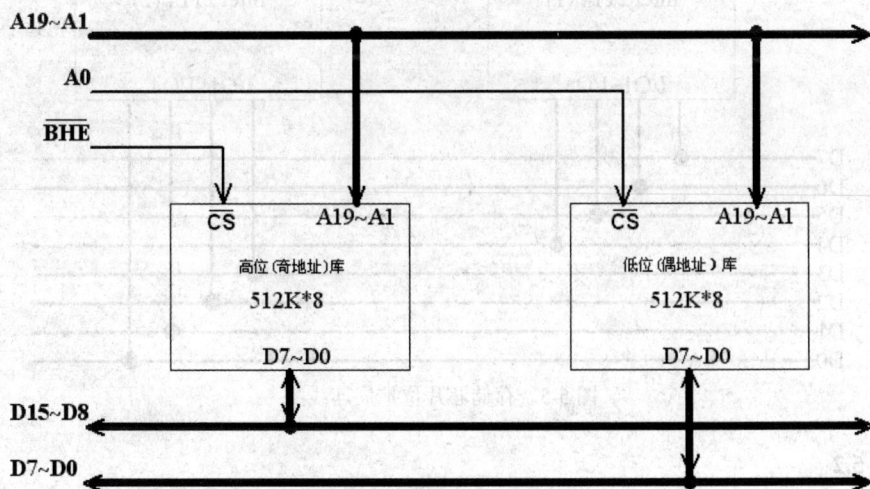

图 5-4 8086 存储器高低位库的连接

5.2　重点与难点

重点：熟悉存储器的分类、组成及功能；熟悉几个典型的存储器芯片及其功能；熟练掌握存储器的位扩展和字扩展方法；熟练掌握地址译码方法；重点掌握全译码法、存储器与 8086 CPU 的连接及其画法。

难点：存储器的扩展；存储器与 8086 CPU 的连接。

5.3　典型例题精解

5.3.1　存储器的位扩展和字扩展

位扩展：是指存储芯片的字满足要求，而位数不够，需要对存储单元的位数进行扩展。

字扩展：是指存储芯片的位数满足要求，而字数不够，需要利用多个芯片扩充容量，也就是扩充了存储器地址范围。

例 5.1

(位扩展例题)若用 Intel 2114(1k×4)的存储芯片组成 1k×8 位的存储器，需要多少片芯片？并画出连接图。

分析：根据题目要求，需要进行位扩展。Intel 2114 存储芯片只有 4 条数据线，要组成 8 位的存储器，需要 8/4=2 片芯片，其具体连接见图 5-5。

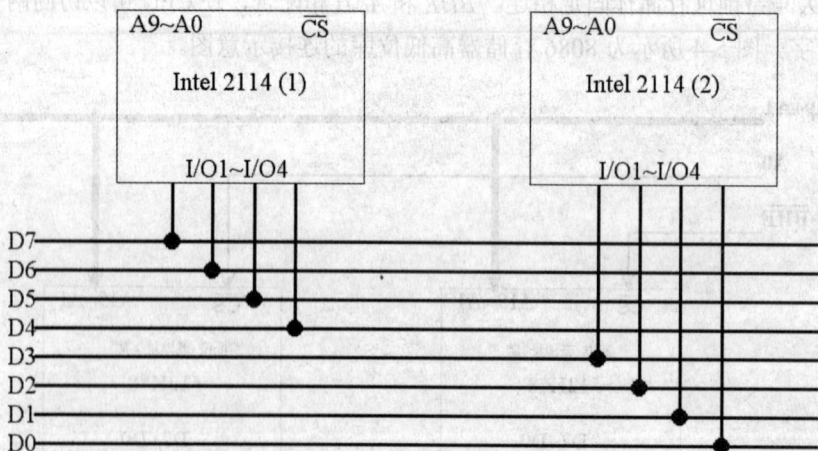

图 5-5　存储芯片位扩展连线图

例 5.2

(字扩展例题)若用 Intel 6264(8K×8)存储芯片构成一个 16K×8 位的存储器系统，需要多少片芯片？并画出连接图。

分析：根据题目要求，需要进行字扩展。Intel 6264 存储芯片的存储容量 8K×8，要组成 16K×8 位存储器，需要 16K×8/8K×8=2 片芯片。由于 8K=2^{13}B，因此片内寻址需要 13 根地址线，即 $A_1 \sim A_{13}$。A_0 用来选定偶地址存储体，低 8 位数据总线 $D_7 \sim D_0$ 与偶地址存储体相连；$\overline{BHE}$ 用来选定奇地址存储体，高 8 位数据总线 $D_{15} \sim D_{18}$ 与奇地址存储体相连。其具体连接见图 5-6。

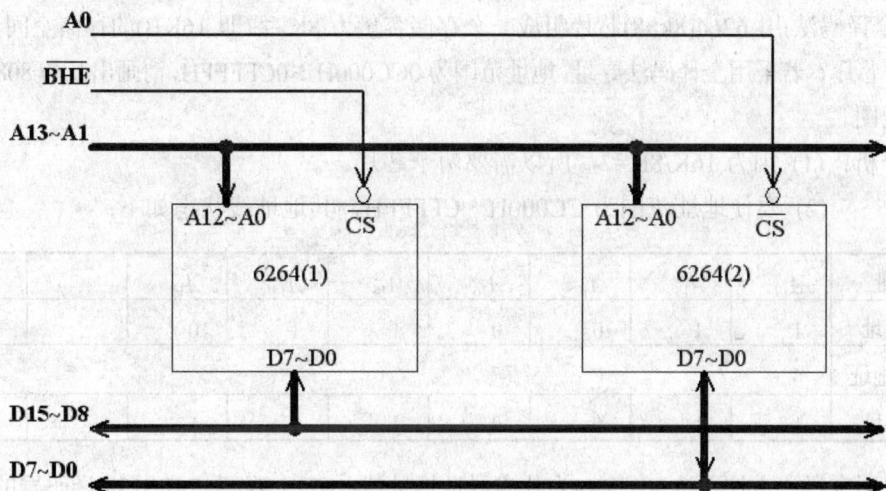

图 5-6　存储芯片字扩展连线图

例 5.3

(位和字同时扩展例题)请用 Intel2114(1k×4)存储芯片组成 2k×8 位的存储器，需要多少片芯片？画出其连接图。

分析：根据题目要求，需要进行位扩展和字扩展，共需要两组，每组需两个芯片，因此一共要使用 4 片 Intel2114 存储芯片。由于 1K=2^{10}B，因此片内寻址需要 10 根地址线，即 $A_1 \sim A_{10}$。奇地址存储体由芯片 2114(1)和 2114(2)组成，偶地址存储体由芯片 2114(3)和 2114(4)组成。$\overline{BHE}$ 用来选定奇地址存储体，高 8 位数据总线 $D_{15} \sim D_8$ 与奇地址存储体相连；A_0 用来选定偶地址存储体，低 8 位数据总线 $D_7 \sim D_0$ 与偶地址存储体相连。具体连接见图 5-7。

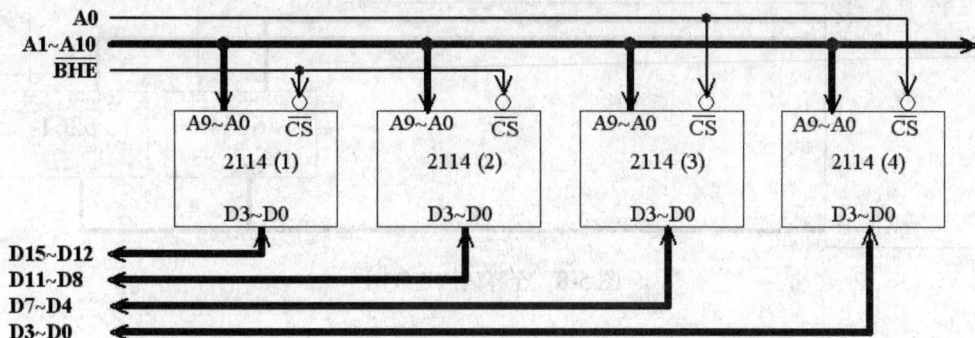

图 5-7　用 2114 存储芯片组成 1k×16 位的存储器连线图

5.3.2 存储器的片间寻址扩展

存储器的片间寻址主要有全译码法、部分译码法和线选法等,下面就这几种方法分别举例说明。

例 5.4

(全译码法)用 6264(8k×8)芯片组成一个存储容量为 8K 字(即 16KB)的存储空间,需要多少个芯片? 若采用全译码法寻址,地址范围为 0CC000H～0CFFFFH,请画出其与 8086 CPU 的连线图。

分析：(1) 因为 16K/8K=2,所以需要两个芯片。

(2) 要使地址范围为 CC000H～CFFFFH,其地址线状态如下:

地址	A_{19}	A_{18}	A_{17}	A_{16}	A_{15}	A_{14}	A_{13}	…	A_0
首地址	1	1	0	0	1	1	0	…	0
中间地址	⋮								
尾地址	1	1	0	0	1	1	1	…	1

采用全译码方法,选 A_{13}～A_1 为片内寻址地址线；A_{16}～A_{14} 为 74LS138 译码器的输入,其输出其 $\overline{Y_3}$ 作为芯片片选信号。具体连线如图 5-8：

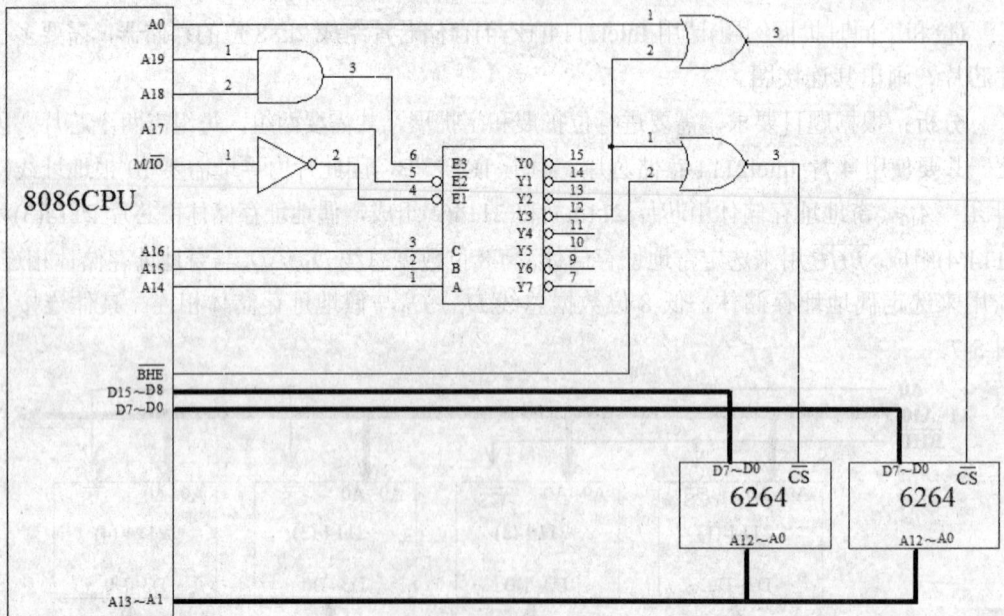

图 5-8　全译码法连线图

例 5.5

(部分译码法)若用 2 片 6264(8k×8)芯片组成一个容量为 16K×8 位的存储器,采用部分译码法寻址,请画出连线图。

分析： 6264(8k×8)芯片片内寻址需要 13 根地址线，可以用 $A_1 \sim A_{13}$；片间寻址需要 3 根地址线，可以用 $A_{14} \sim A_{16}$，它们接到 74LS138 译码器上，其他地址线悬空，不参加译码，此时的存储器存在重叠地址。具体连线如图 5-9：

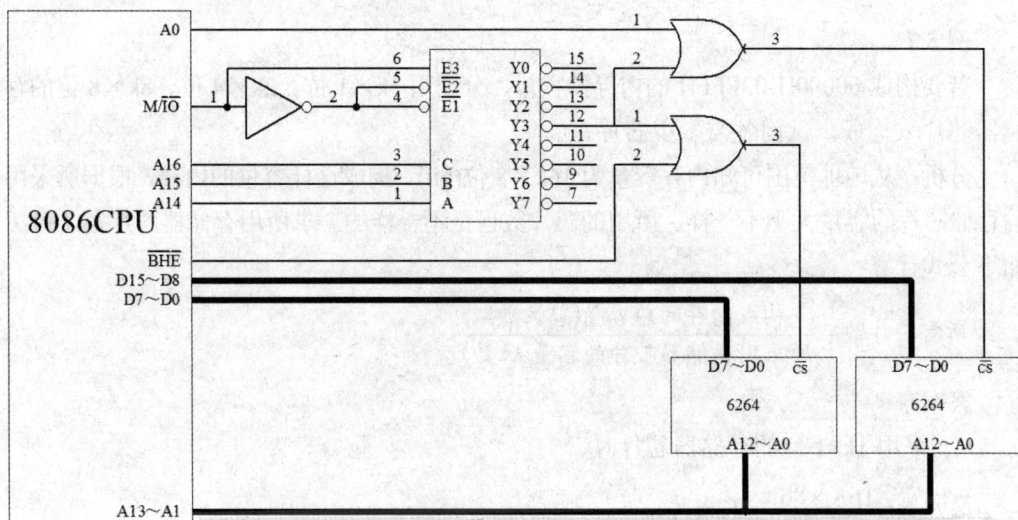

图 5-9　部分译码法连线图

例 5.6

(线选法)若用 6116(2K×8)存储芯片构成 4K 字(8K×8)的存储器，需要多少片芯片？请用线选法实现片间译码，画出连线图。

分析： 需要 4 片 6116(2k×8)芯片。片内寻址需要 11 根地址线，可以用 $A_1 \sim A_{11}$；用 A_{12}、A_{13} 作为片选信号。奇地址存储体由芯片 6116(1)和 6116(3)组成，偶地址存储体由芯片 6116(2)和 6116(4)组成。$\overline{BHE}$ 用来选定奇地址存储体，高 8 位数据总线 $D_{15} \sim D_8$ 与奇地址存储体相连；A_0 用来选定偶地址存储体，低 8 位数据总线 $D_7 \sim D_0$ 与偶地址存储体相连。其余地址线悬空，不参加译码，此时的存储器存在重叠地址。具体连线如图 5-10 所示。

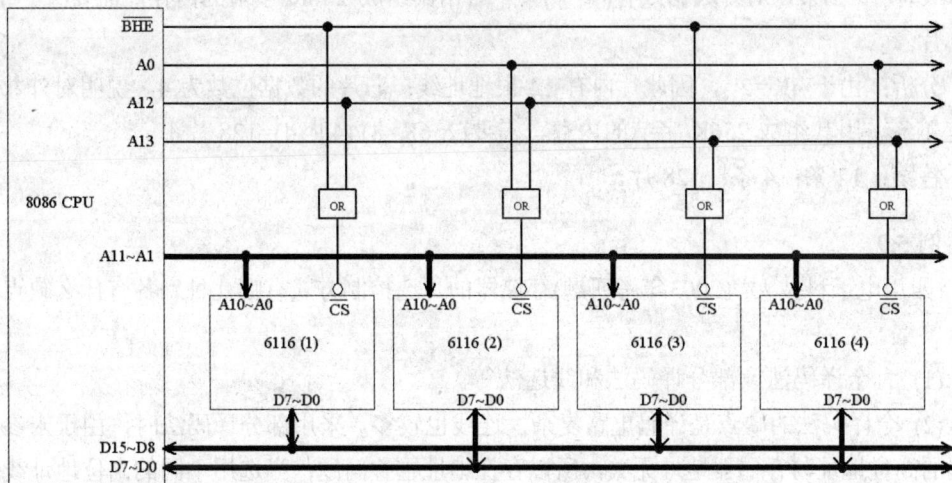

图 5-10　线选法连线图

5.4 重要习题与考研题解析

例 5.7

若要构成 00000H-03FFFH 的内存储容量，分别用 1k×1 位、2k×4 位、8k×8 位的存储器芯片来构成，试问各需多少芯片？

分析： 从地址范围可知内存容量为 16k×8 位(bit)。构成这样容量的内存，根据所采用的存储芯片的容量大小不一样，所用的芯片数也是不一样的。求所用存储器芯片数，可用如下公式计算：

$$所需芯片数 = \frac{构成内存的总容量(总位数)}{所采用存储器芯片的容量(位数)}$$

答案：

(1) 采用 1k×1 位的存储器芯片时，

$$芯片数 = \frac{16K \times 8\text{bit}}{1K \times 1\text{bit}} = 128(片)$$

(2) 采用 2k×4 位的存储器芯片时，

$$芯片数 = \frac{16K \times 8\text{bit}}{2K \times 4\text{bit}} = 8(片)$$

(3) 采用 8k×8 位的存储器芯片时，

$$芯片数 = \frac{16K \times 8\text{bit}}{8K \times 8\text{bit}} = 2(片)。$$

例 5.8

(四川电子科技大学 2003 年考研题)若有一片 SRAM 芯片为 4k×4 位，其他片内地址信号线有(　　)条，对外数据线有(　　)条。若用其组成 256K 字节的内存，需要(　　)此种芯片。

分析： 由于 $4K = 2^{12}$，因此片内有 12 根地址线；芯片的数据位数为 4，说明对外数据线有 4 条。用其组成 256K 字节的内存，需要(256K×8)/(4 k×4)=128 片。

答案： 12 条；4 条；128 片。

例 5.9

(四川电子科技大学 2003 年考研题)存储器的片选控制方式有哪几种？各有什么缺点？

答案：

(1) 有全译码法、部分译码法和线选法等。

(2) 全译码法的缺点是译码电路复杂，连线也较多。采用部分译码法时，由于未参加译码的高位地址与存储器地址无关，所以存在地址重叠问题；当选用不同的高位地址线进行部分译码时，其译码对应的地址空间也不同。线选法的缺点是地址空间浪费大，整个存储器地址空间不连续，而且由于部分地址线未参加译码，还会出现地址重叠。

例 5.10

在基于 8086 的微计算机系统中，存储器是如何组织的？是如何与处理器总线连接的？$\overline{BHE}$ 信号起什么作用？

答案：8086 为 16 位处理器，可访问 1M 字节的存储器空间；1M 字节的存储器分为两个 512K 字节的存储体，命名为偶地址存储体(低位库)和奇地址存储体(高位库)；偶体的数据线连接 $D_7 \sim D_0$，"体选"信号接地址线 A0；奇体的数据线连接 $D_{15} \sim D_8$，"体选"信号接 $\overline{BHE}$ 信号；$\overline{BHE}$ 信号有效时允许访问奇体中的高字节存储单元，实现 8086 的低字节访问、高字节访问及字访问。

例 5.11

存储器与 CPU 之间的有哪几种连接总线？应考虑哪几方面的问题？

答案：有 AB、DB 和 CB 共 3 种总线。连接时应考虑四个问题：(1) CPU 总线负载能力；(2) 各种信号线连接时要互相配合；(3) CPU 的时序应与存储器的存取速度相互配合；(4) 合理分配内存地址空间和正确解决芯片的片选信号。

例 5.12

(华中科技大学 2003 年考研题)进行地址译码时，若某块存储芯片采用部分译码法，且有 3 根地址线未用，这意味着每个单元将有(　　　)个地址号。

分析：因为有 3 根地址线未用，3 根线的编码对应 8 个状态，所以每个单元将有 8 个地址号。其中编码为 000 所对应的地址为单元的基本地址，剩余 7 个地址为单元的重叠地址。

答案：8。

例 5.13

(上海交通大学 2000 年考研题)图 5-11 是 8086 存储器的部分电路连接图，试问：

(1) M_1 的寻址范围。

(2) M_0 的寻址范围。

(3) 存储总容量是多少？

分析：M_1、M_0 均使用了 $A_{16} \sim A_1$ 这 16 条地址线，用于对其内部的 64K 内存单元寻址。M_0 只有在 A_0=0 时被选中，M_1 只有在 $\overline{BHE}$ =0 时被选中，才可能工作。M_1 或 M_0 要被选中的另一个条件是 $A_{19}A_{18}A_{17}$=110，所以 M_0 的地址范围是 1100 0000 0000 0000 0000～1101 1111 1111 1111 1110 之间的偶地址(包含头尾两个数)，即 0C000H～0DFFEH。同理可推知 M_1 的地址范围为 0C001H～0DFFFH 之间的奇地址(包含头尾两个数)。

答案：

(1) 0C000H～0DFFEH 之间的偶地址(包含头尾两个数)。

(2) 0C001H～0DFFFH 之间的奇地址(包含头尾两个数)。

(3) 总容量为 128KB。

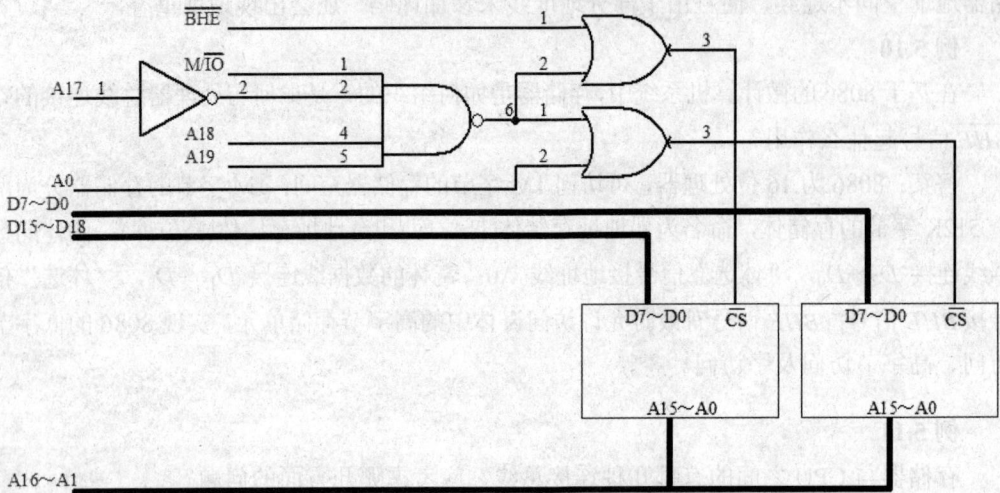

图 5-11　例 5.13 的电路图

5.5　习题及参考答案

5.5.1　习题

一、选择题

1. 存储器是计算机系统的记忆设备，它主要用来(　　)。

A. 存储程序　　　B. 存储数据　　　C. 存储指令　　　D. 上述 A、B

2. 下列四条叙述中，属 RAM 特点的是(　　)。

A. 可随机读写数据，断电后数据不会丢失。

B. 可随机读写数据，断电后数据将全部丢失。

C. 只能顺序读写数据，断电后数据将部分丢失。

D. 只能顺序读写数据，断电还有数据将全部丢失。

3. 存储器系统中的 PROM(　　)。

A. 可编程读写存储器　　　　　B.可编程只读存储器

C. 静态只读存储器　　　　　　D. 动态随机存储器

4. 在微型计算机中，ROM 是(　　)。

A. 顺序读写存储器　　　　　　B. 随机读写存储器

C. 只读存储器　　　　　　　　D. 高速缓冲存储器

5. 存储字长是指(　　)。

A. 存放在一个存储单元中的二进制代码组合

B. 存放在一个存储单元中的二进制代码个数

C. 存储单元的个数

D. 寄存器的位数

6. 当存储器芯片位数不足时，需进行(　　)。

   A. 字扩展   B. 位扩展   C. 字位扩展   D. 以上均可

7. CPU 能直接访问的存储器是(　　)。

   A. 内存储器   B. 软磁盘存储器

   C. 硬磁盘存储器   D. 光盘存储器

8. 下列存储器中，断电后信息将会丢失的是(　　)。

   A. ROM   B. RAM

   C. CD-ROM   D. 磁盘存储器

9. 下列存储器中，断电后信息不会丢失的是(　　)。

   A. DRAM   B. SRAM   C. CACHE   D. ROM

10. SRAM 是(　　)。

   A. 静态随机存储器   B. 静态只读存储器

   C. 动态随机存储器   D. 动态只读存储器

11. EPROM 是(　　)。

   A. 只读存储器   B. 可编程的只读存储器

   C. 可擦除可编程的只读存储器   D. 可改写只读存储器

12. 用 1K×4 的存储器芯片构成 32K×8 的存储系统，所需芯片数是(　　)。

   A. 32 片   B. 48 片   C. 64 片   D. 128 片

13. ROM 是一种(　　)的内存储器。

   A. 永久性、随机性   B. 易失性、随机性

   C. 永久性、只读性   D. 易失性、只读性

14. 和外存相比，内存的特点是(　　)。

   A. 容量小、速度快、成本高   B. 容量小、速度快、成本低

   C. 容量大、速度快、成本高   D. 容量大、速度快、成本低

15. RAM 是一种(　　)的内存储器。

   A. 永久性、随机性   B. 易失性、随机性

   C. 永久性、只读性   D. 易失性、只读性

16. 下列描述中，正确的是(　　)。

   A. 1MB=1000B   B. 1MB=1000KB

   C. 1MB=1024B   D. 1MB=1024KB

17. 20 根地址线的寻址范围可达(　　)。

   A. 512KB   B. 1024KB   C. 640KB   D. 4096KB

18. 微型计算机中常用的英文词 bit 的中文意思是(　　)。

   A. 计算机字   B. 字节   C. 二进制位   D. 字长

19. 微型计算机中的内存储器，通常采用(　　)。

　　　A. 磁表面存储器　　　　B. 磁芯存储器　　　C. 半导体存储器　　　D. 光存储器

20. 可编程 ROM 可简记为(　　)。
　　　A. PROM　　　　　　　　B. MROM　　　　　　C. EPROM　　　　　　D. EEPROM

21. 动态 RAM 芯片容量为 16K×1 位，要构成 32K 字节的 RAM 存储器，需要该芯片(　　)。
　　　A. 4 片　　　　　　　　B. 8 片　　　　　　　C. 16 片　　　　　　　D. 32 片

22. 某存储器芯片有地址线 13 根，数据线 8 根、该存储器芯片的存储容量为(　　)。
　　　A. 15K×8　　　　　　　B. 32K×256　　　　　C. 8K×8　　　　　　　D. 32K×8

23. 某存储器芯片容量为 2K×1bit，若用它组成 16K×8bit 存储器组，所用芯片数以及用于组内寻址的地址线为(　　)。
　　　A. 32 片、11 根　　　　B. 64 片、11 根　　　C. 8 片、14 根　　　　D. 16 片、8 根

24. 电可改写的只读存储器是(　　)。
　　　A. EEPROM　　　　　　B. EPROM　　　　　　C. PROM　　　　　　　D. ROM

25. DRAM 是一种(　　)。
　　　A. 动态 RAM　　　　　　B. 静态 RAM　　　　　C. 动态 ROM　　　　　D. 静态 ROM

26. 掩膜型 ROM 可简记为(　　)。
　　　A. PROM　　　　　　　　B. MROM　　　　　　C. EPROM　　　　　　D. EEPROM

27. 可紫外线擦除数据的只读存储器是(　　)。
　　　A. PROM　　　　　　　　B. EPROM　　　　　　C. EEPROM　　　　　D. Flash Memory

28. 只允许一次写入数据的只读存储器是(　　)。
　　　A. PROM　　　　　　　　B. EPROM　　　　　　C. E2PROM　　　　　D. Flash Memory

29. 起始地址从 10000H 开始的存储器系统中，64KB RAM 的寻址范围是(　　)。
　　　A.10000H~1FFFFH　　　　　　　　　　B.10000H~3FFFFH
　　　C.10000H~27FFFH　　　　　　　　　　D.10000H~13FFFH

30. 起始地址为 20000H 的 16KB SRAM，其末地址为(　　)。
　　　A. 24FFFH　　　　　　　B. 22FFFH　　　　　C. 23FFFH　　　　　　D. 5FFFFH

31. 地址从 10000H 开始的存储器系统中，10KB RAM，其末地址为(　　)。
　　　A.10000H~103FFH　　　　　　　　　　B.10000H~11FFFH
　　　C.10000H~127FFH　　　　　　　　　　D.10000H~13FFFH

32. 在线选法电路中，若 CPU 的地址线 A16~A19 未参加线选，则每个存储器单元的重复地址有(　　)个
　　　A. 1　　　　　　　　　　B. 8　　　　　　　　C. 16　　　　　　　　　D.32

33. 在 8086 CPU 系统中，用 6264 芯片组成一个 16KB 的存储器，可用来产生片选信号的地址线是(　　)。
　　　A. A_1~A_{13}　　　　　　B. A_{14}~A_{16}　　　C. A_{11}~A_{15}　　　D. A_{14}~A_{19}

二、填空题

1. 微型计算机主存储器由半导体存储器(　　)和(　　)组成。

2. 半导体存储器从使用功能上可分为(　　)和(　　)。

3. RAM 又可分为(　　)和(　　)两种。

4. RAM 是一种既能写入又能读出的存储器。RAM 只能在电源电压正常时工作,一旦断电,(　　)。

5. RAM 的基本存储单元是双隐态触发器,每一个单元存放一位(　　)信息,故所存信息不需要进行刷新。

6. ROM 是一种(　　)的存储器,通常用来存放那些固定不变、不需要修改的程序。

7. ROM 又可分为(　　)、(　　)、(　　)和(　　)4 种。

8. 用 4K×8 的存储芯片,构成 64K×8 的存储器,需要使用(　　)片存储芯片。

9. 数据总线是(　　)总线,地址总线是(　　)总线。

10. RAM 是(　　),ROM 是(　　)。

11. 对于 8086 CPU 系统,存储器采用分体结构,即(　　)的存储空间分成(　　)个(　　)的存储体,一个为(　　)存储体,另一个为(　　)存储体。

12. 对于 8086 CPU 存储器系统,由(　　)引脚选择奇存储体,(　　)引脚选择偶存储体。

13. 常用的片选信号产生方法有三种,分别是(　　)、(　　)和(　　)。

三、简答题

1. 内存地址从 40000H-BBFFFH 共有多少 KB?

2. 使用下列 RAM 芯片,组成所需的存储容量,各需多少 RAM 芯片?各需多少 RAM 芯片组?共需多少根寻址线?每块芯片需多少寻址线?

(1) 512×4 的芯片,组成 8K×8 的存储容量;

(2) 4K×1 的芯片,组成 64K×8 的存储容量;

(3) 1K×8 的芯片,组成 32K×8 的存储容量。

3. 设有一个具有 13 位地址和 8 位字长的存储器,试问:

(1) 存储器能存储多少字节信息?

(2) 如果存储器由 2 K×4 位的 RAM 芯片组成,共计需要多少片?

4. 下列 RAM 各需多少条地址线进行寻址?需要多少条数据 I/O 线?

(1) 512×1 位;

(2) 16K×4 位;

(3) 32K×8 位。

5. 为什么存储器芯片一般没有 3K、5K、6K、7K 的存储容量?

6. 何谓片内地址线,何谓片选地址线,它们有何作用?

四、应用题

1. 某 16 位微机系统中静态 RAM 区由 6116(2K×8 位)芯片构成,地址范围为 F1000H-

F1FFFH，请用全译码法，画出与 CPU 系统总线的连接图。

2. 求出图 5-12 中 SRAM 存储芯片的地址范围。如果将 $\overline{Y_1}$ 分别改为 $\overline{Y_4}$ 和 $\overline{Y_7}$,其地址范围如何变化？

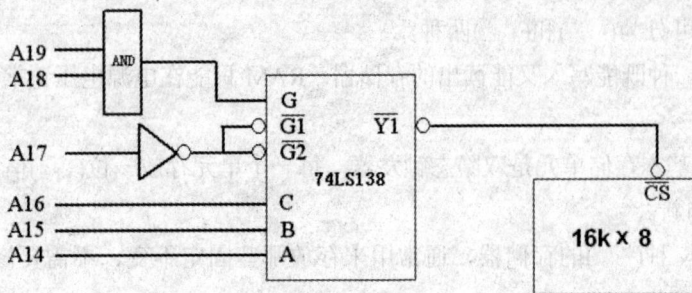

图 5-12　地址译码电路

5.5.2　参考答案

一、选择题

1～5: DBBCB；6～10: BABDA；11～15: CCCAB；16～20: DBCCA；21～25: CCBAA；26～30: BBAAC；31～33: CCD

二、填空题

1. RAM 和 ROM；

2. RAM 和 ROM；

3. 静态 SRAM 和动态 DRAM；

4. RAM 内的信息便完全丢失；

5. 二进制；

6. 只能读出而不能写入；

7. 掩膜式 ROM、PROM、EPROM、EEPROM；

8. 16；

9. 双向、单向；

10. 随机访问存储器、只读存储器；

11. 1MB、两、512KB、偶、奇；

12. $\overline{BHE}$ ，A0

13. 全地址译码、部分地址译码、线选择译码

三、简答题

1. (BBFFFH-40000H+1)/1024=496KB。

2. (1) 32 片，16 组，13 根地址线，9 根；

 (2) 128 片，16 组，16 根地址线，12 根；

(3) 32 片，32 组，15 根地址线，10 根。

3. (1) 8KB；　　(2) 8 片。

4. (1) 9 条地址线，1 条数据 I/O 线；

(2) 14 条地址线，4 条数据 I/O 线；

(3) 15 条地址线，8 条数据 I/O 线。

5. 因为存储容量取决于地址线的位数。N 条地址线可以产生 2^N 个地址编码，也就是存储容量为 2^N 个存储器单元，所以存储容量不可能出现非 2 的指数关系的数。

6. 片内地址线：用于寻址存储器芯片内的存储单元所需要的地址线。片选地址线：用于确定某存储器芯片在存储系统空间中的位置所需要的地址线。片选地址用于确定所访问的存储单元在哪个存储器芯片中，片内地址用于确定所访问的存储单元在存储器芯片中的具体位置。

四、应用题

1. 根据地址范围，可知寻址能力为 4K，因此需要两片 6116 芯片。具体连线见下图 5-13。

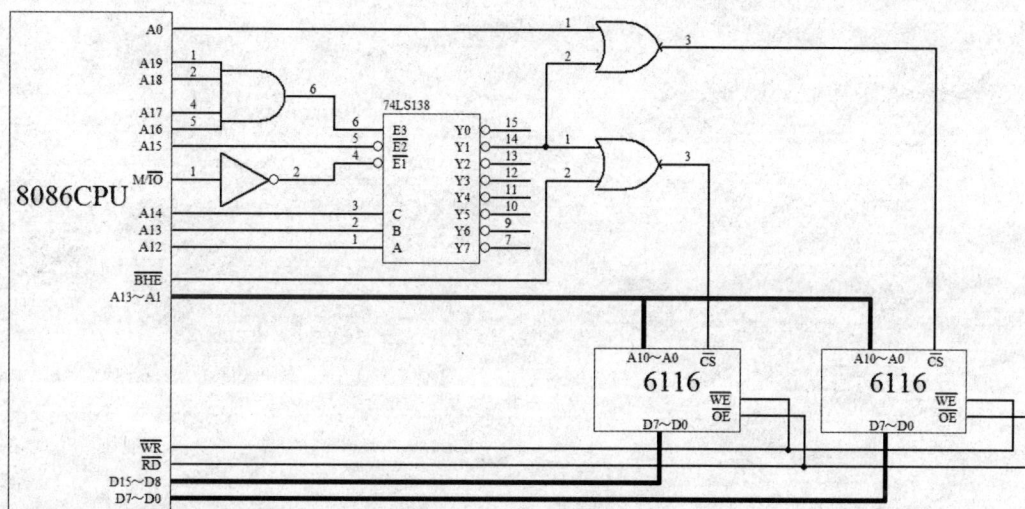

图 5-13　连线图

2. SRAM 存储芯片的地址范围是：E4000H-E7FFFH。若改为 $\overline{Y_4}$，地址范围变为 F0000H-F3FFFH；若改为 $\overline{Y_7}$，地址范围变为 FC000H-FFFFFH。

第6章　输入输出和中断

6.1　基本知识点

6.1.1　输入和输出

1. 接口的结构和功能

1) 外设接口的一般结构

通常含有数据端口、状态端口、控制端口，分别存放数据信息、状态信息、控制信息。

- 数据信息：按一次传送数据的位数分为并行传送和串行传送两种方式；
- 状态信息：外设或 I/O 接口表明当前状态。CPU 只能读。
- 控制信息：CPU 向外设发出的控制信号或 CPU 写到可编程外设接口电路芯片的控制字等。CPU 只能写。

2) 外设接口的功能

外设接口：为使 CPU 与外设相连接而专门设计的逻辑电路和相关软件(如初始化)，它是 CPU 与外设进行信息交换的桥梁。

功能如下：

转换信息格式；提供有关数据传送的联络信号；进行地址译码或设备选择；进行中断管理；实现电平转换；提供时序控制功能。

2. I/O 端口编址方式和寻址方式

1) 统一编址方式

定义：　统一编址方式是指把 I/O 端口和存储单元统一编址，即把 I/O 端口看成存储器的一部分，一个 I/O 端口的地址就是一个存储单元的地址。

优点：CPU 访问存储单元的所有指令都可用于访问 I/O 端口，CPU 访问存储单元的所有寻址方式也就是 CPU 访问 I/O 端口的寻址方式。

缺点：

a. I/O 端口占用了内存空间。

b. 是访问存储器还是访问 I/O 端口在程序中不能一目了然。

2) 独立编址方式

定义：是指把 I/O 端口和存储单元各自编址，即便地址编号相同也无妨。

优点：

a. I/O 端口不占用内存空间；

b. 访问 I/O 端口指令仅需要两个字节，执行速度快；

c. 读程序时只要是 I/O 指令，即知是 CPU 访问 I/O 端口。

缺点：

a. 要求 CPU 有独立的 I/O 指令；

b. CPU 访问 I/O 端口的寻址方式少。

3. 数据传送方式

主机(CPU+内存)和外设之间数据传送的方式通常有三种：程序控制传送方式、中断传送方式和 DMA(直接存储器存取方式)。

1) 程序控制传送方式

是由程序来控制 CPU 和外设之间的数据传送，可分为无条件传送和查询传送。

1. 无条件传送方式(又称同步传送方式)

假设外设已做好传送数据的准备，因而 CPU 直接与外设传送数据，而不必预先查询外设的状态。

适用场合：适用于外部控制过程的各种动作时间是固定的且是已知的场合。

优点：无条件传送是最简便的传送方式，它所需的硬件和软件都很少，且硬件接口电路简单。

缺点：这种传送方式必须在已知且确信外设已准备就绪的情况下才能使用，否则出错。

2) 查询传送方式

进行数据传送前，程序首先检测外设状态端口的状态，只有在状态信息满足条件时，才能通过数据端口进行数据传送，否则程序只能循环等待或转入其他程序段。

适用场合：CPU 与外设工作不同步。

查询传送方式的缺点：

CPU 要不断地查询外设，当外设没有准备好时，CPU 要等待，而许多外设的速度比 CPU 要慢得多，CPU 的利用率不高。

2. 中断传送方式

通常是在程序中安排好在某一时刻启动外设，然后 CPU 继续执行其程序，当外设完成数据传送的准备后，向 CPU 发出中断请求信号，在 CPU 可以响应中断的条件下，CPU 暂停正在运行的程序，转去执行中断服务程序，在中断服务程序中完成一次 CPU 与外设之间的数据传送，传送完成后立即返回，继续执行原来的程序。

3. DMA 方式

是在外设和内存之间以及内存与内存之间开辟直接的数据通道，CPU 不干预传送过程，整个传送过程由硬件来完成而不需要软件介入。

在 DMA 方式中，对数据传送过程进行控制的硬件称为 DMA 控制器。

4. 8086 CPU 的输入/输出

1) 8086 的 I/O 端口采用独立编址时，由专门设置的 IN 和 OUT 指令最多可访问 64K 个 8 位端口或 32K 个 16 位端口。

2) 8086 CPU 和 I/O 接口电路之间的数据通路是分时复用的地址/数据总线。

3) 8086 CPU 与外设交换数据可以字或字节进行。

以字节进行时，偶地址端口的字节数据在低 8 位数据线 $D_7 \sim D_0$ 上传送，奇地址端口的字节数据在高 8 位数据线 $D_{15} \sim D_8$ 上传送。

若外设的数据线只有 8 根，应使同一台外设的所有端口地址都是偶地址或都是奇地址。此时，地址线 A_0 不能用作寻址同一外设接口的不同端口的地址位。

6.1.2　中断

1. 中断的基本概念

1) 中断：是指 CPU 在正常运行程序时，由于内部或外部事件引起 CPU 暂时中止执行现行程序，转去执行请求 CPU 为其服务的那个外设或事件的服务程序，待该服务程序执行完毕后又返回到被中止的程序这样一个过程。

2) 中断源：引起中断的原因、或者说发出中断申请的来源，称为中断源。

有以下几种：

- 一般的输入、输出设备。如 A/D、键盘、纸带读入器、打印机等。
- 数据通道中断源。如磁盘、磁带等。
- 实时时钟(实时采样)。常用外部时钟电路，当需要定时时，CPU 发出命令，令时钟电路开始工作，待规定时间到后，时钟电路发出中断请求，由 CPU 加以处理。
- 故障源。电源调电保护 IP 和各个寄存器的内容(保护现场)。因此电源调电时，发出中断申请，由计算机中断系统执行上述操作。
- 为调试程序而设置的中断源要求在程序中设置断点或单步工作，由中断系统来实现。

3) 中断类型

硬中断：也称为外部中断，它可分为两种：

① 一种是由中断电路发生的中断请求信号在 CPU 的 INTR 端引起的中断，也称可屏蔽中断。

可屏蔽中断：凡是微处理器内部能够屏蔽(IF=0)的中断。

② 另一种是 CPU 的 NMI 端引起的中断，也称不可屏蔽中断。

不可屏蔽中断：凡是微处理器内部不能够屏蔽(不受 IF 状态影响)的中断。

软件中断：也称内部中断，是指程序中使用 INT 指令引起的中断。

4) 中断处理过程(见图 6-1)

包括：中断请求、中断判优、中断响应、中断处理、中断返回。

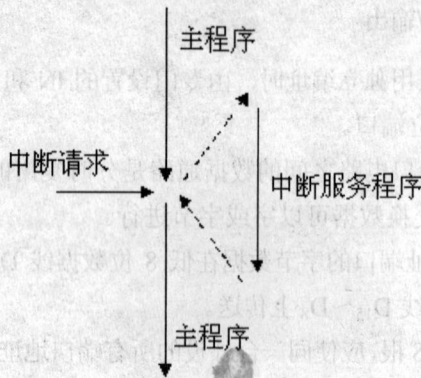

图 6-1　中断处理过程

5) 矢量中断与中断矢量
- 矢量中断：是根据 CPU 响应中断时取得中断处理子程序入口地址的方式而得名的，它提供一个矢量，指向中断处理子程序的起始地址。
- 中断矢量：就是中断处理子程序的起始地址。
- 中断矢量表：全部矢量放在内存的某一区域中，形成了一个中断矢量表。

2. 8086 的中断系统

1) 8086 系统的中断源

8086 CPU 总共允许 256 级中断，按产生的原因，系统有如下中断源：

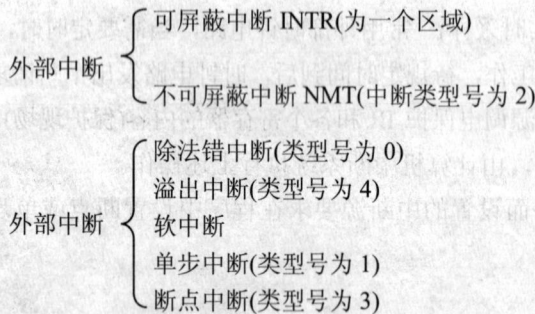

外部中断 { 可屏蔽中断 INTR(为一个区域)
不可屏蔽中断 NMT(中断类型号为 2)

外部中断 { 除法错中断(类型号为 0)
溢出中断(类型号为 4)
软中断
单步中断(类型号为 1)
断点中断(类型号为 3)

2) 8086 系统的矢量中断

中断矢量表

定义：将所有中断处理程序的入口地址都集中在一起，构成一个中断矢量表。

特点：每个入口地址占 4 个字节，高地址的 2 个字节单元存放中断处理程序的段地址，低地址的 2 个字节单元存放中断处理程序的段内偏移地址。

例：设某中断源的类型码为 13H，该中断源的中断服务程序的入口地址为 FF00H：2200H，试画出中断矢量表。

解：n=13，则 4n=13H*4=4CH

中断矢量表如下：

0004CH	00H
0004DH	22H
0004EH	00H
0004FH	FFH

当中断类型码为 n 时，则中断向量表指针为 4n，则有：

4n	××	→中断服务程序入口地址的偏移地址的低 8 位
4n+1	××	→中断服务程序入口地址的偏移地址的高 8 位
4n+2	××	→中断服务程序入口地址的段地址的低 8 位
4n+3	××	→中断服务程序入口地址的段地址的高 8 位

中断类型号的获取(两种情况)

① 对于系统专用中断，系统将自动提供 0～4 中断类型号；五个专用中断依次是：类型 0——除数为 0 的中断；类型 1——单步中断；类型 2——非屏蔽中断；类型 3——断点中断；类型 4——溢出中断。

② 对于可屏蔽中断 INTR，则需要外接接口电路。目前主要是利用 8259A 中断控制器来产生外设的中断类型号。

3) 中断操作的 5 个步骤：

取中断类型号；计算中断向量地址；取中断向量：偏移地址送 IP、段地址送 CS；转入中断处理程序；中断返回到 INT 指令的下一条指令。

4) CPU 响应中断的条件

CPU(8088)有一个可屏蔽中断请求线和非屏蔽中断请求线。但对 CPU 外部中断源的请求，通常必须满足以下条件才能响应。

- 设置中断请求触发器
- 设置中断屏蔽触发器
- 中断是开放的(CPU 开中断)
- CPU 在现场指令执行结束后响应中断，在上述条件满足时，CPU 就响应中断。

4) 中断优先权的顺序：

除单步中断外的内部中断→NMI 中断→INTR 中断→单步中断

3. 8259A 可编程中断控制器

8259A 是一种可编程的中断控制器，用于实现中断优先权管理、中断屏蔽、自动中断向量转移功能。

1) 8259A 的中断工作过程

8259A 可用于 8 位微机(8080/8085)和 16 位微机两种情况。对两种应用情况，8259A 的内部工作过程有所不同。当 8259A 初始化设置在 8086/8088 模式时，对外部中断请求的响应和处理过程如下：

(1) 当中断请求输入线 $IR_0 \sim IR_7$ 中有一条或多条变高时，则中断请求寄存器 IRR 的相应位置"1"。

(2) 若中断请求线中至少有一条是中断允许的，则 8259A 由 INT 引脚向 CPU 发出中断请求信号。

(3) 如果 CPU 处于开中断状态，则在当前指令执行完后，用 INTA 信号作为响应。

(4) 8259A 在接收到 CPU 的 INTA 信号后，使最高优先级的 ISR 位置"1"，而相应的 IRR 位清"0"。但在该中断响应周期中，8259A 并不向系统总线送任何内容。

(5) CPU 输出第二个 INTA 信号，启动第二个中断响应周期。在此周期，8259A 向数据总线输送一个 8 位的中断向量号；CPU 读取此中断向量号后将它乘 4，得到中断向量地址，从而获得中断服务程序的入口地址(CS：IP)，据此转入中断服务程序。

(6) 8259A 工作在 AEOI 模式，则在第二个 INTA 脉冲信号结束时，将使被响应的中断源在 ISR 中的对应位清"0"；否则，直至中断服务程序结束，发出 EOI 命令，才使 ISR 中的对应位清"0"。

2) 8259A 可编程设置的工作方式

中断嵌套方式

① 全嵌套方式。这是 8259A 最普通的工作方式。若在对 8259A 初始化后，没有设置其他优先级方式，则自动进入全嵌套方式。此时中断优先级固定为 IRQ0 最高，IRQ7 最低，且高级中断源可中断低级中断源。需要注意的是，系统按全嵌套方式工作是有条件的：

主程序只有执行开中断命令(STI)，使 IF=1，才有可能响应中断。

每进入一个中断服务程序，系统会自动关中断，因此中断服务程序会再次开中断，才有可能嵌套更高级的中断。

中断服务程序结束时，需发出 EOI 中断结束命令，使 ISR 中的对应位清零，才能返回断点并响应再次到来的中断。

② 特殊全嵌套方式。适用于多片 8259A 级联且相应的中断优先级保存在各从片中的大系统，此时特殊全嵌套方式仅设置在主片中。它和全嵌套方式基本相同，所不同的是在特殊全嵌套方式下，当处理某一级中断时，可响应同级的中断请求，从而实现对同级中断请求的特殊嵌套。

中断优先级循环方式

① 自动循环优先级方式。这种方式适合于各中断源的优先级相同的场合。一个中断源被服务后，其中断优先级自动拍到最低。自动循环方式又分非自动结束方式下循环和自动结束方式下循环两种。具体通过写 OCW_2 最高三位设置。

② 特殊循环优先级方式。这种方式适用于各中断源的优先级可随意改变的场合。也是由 OCW_2 的最高三位再辅之以最低三位设置。与自动循环方式的区别在于：自动循环优先级方式的初始优先级由高到低为：IR_0、IR_1、$\cdots\cdots IR_7$，而特殊循环优先级方式的初始优先级是由编程设定的。

中断屏蔽方式

① 普通屏蔽方式。通过写 OCW_1 使 IMR 中某一位或某几位为 1，可将相应中断请求

屏蔽掉。

② 特殊屏蔽方式。在某些场合，在执行某优先级中断服务程序时，又要允许某些优先级更低的中断请求被响应，此时可采用特殊屏蔽方式。它可通过 OCW_3 的 $D_6D_5=11$ 来设定。此时除 OCW_1 中置"1"位对应的中断级被屏蔽外，置零的这些位对应的中断，无论其中断级别如何，都可被响应。

程序查询方式

CPU 可通过设置 OCW_3 的 $D_2=1$，进入查询方式工作。在此方式下，8259A 将不向 CPU 发 INT 信号，而是通过 CPU 不断查询 8259A 来获取当前请求中断服务的优先级，从而转入相应中断服务程序。

中断结束方式

8259A 提供了两种中断结束方式：自动中断结束(AEOI)和非自动中断结束(EOI)。可通过 ICW_4 来设置。自动中断结束方式只能用于不要求中断嵌套的场合。当设定为非自动中断结束方式时，中断服务程序要借助于 OCW_2 发出中断结束命令 EOI。EOI 命令又有两种形式：工作在全嵌套方式下的非特殊 EOI 命令和工作于非嵌套方式下的特殊 EOI 命令。前者由 OCW_2 的最高三位为 001 规定；后者由 OCW_2 的最高三位为 011 规定，同时必须由其最低三位指定需复位的 ISR 中的中断级编码。

需要强调的是，在多片级联系统非自动结束方式下，从片中断服务程序要发两个 EOI 命令；当工作于特殊全嵌套方式时，第二个向主片发送的 EOI 命令是否输出，要取决于对从片的 ISR 检测是否为 0。

中断请求触发方式

中断请求触发方式有边沿触发方式和电平触发方式。边沿触发方式以正跳变(上升沿)向 8259A 请求中断，上升沿可一直维持高电平，不会产生中断，电平触发方式以高电平申请中断，但在响应中断后必须及时清除高电平，以防引起第二次误中断。

数据缓冲方式

在多片级联地大系统中，要求数据总线有总线驱动缓冲器。此时用 SP/EN=0 启动缓冲器工作，由 ICW_2 中 $D_3(BUF)=1$ 来对主片和从片同时进行设定。

多片级联方式

在一个系统中，可将多片 8259A 级联。级联后，一片 8259A 为主 8259A，若干片 8259A 为从 8259A，最多可有 8 个从片，将中断源扩展到 64 个。

3) 8259A 的控制字与编程

8259A 是一种可编程的中断控制器，内含一组初始化命令字 ICW 和一组操作命令字 OCW，用于确定芯片的工作方式和工作特点。

8259A 的编程是指按用户期望的工作方式设置其内部命令字(也叫控制字)，包括初始化编程和操作方式编程。初始化编程是设置初始化命令字 ICW，用以确定各片 8259A 的工作方式，必须在 8259A 使用前按规定的顺序写入，且在运行过程中不允许更改。操作方式编程用于设置操作命令字 OCW。8259A 完成初始化编程以后,若不写入任何操作命令字 OCW,便自动进入全嵌套中断工作方式,优先级方式固定为 IR_0 最高,IR_7 最低;若希望工作于其他工作方式下,则要继续写入相应的操作命令字 OCWi 来实现。具体应写哪些 ICW 和 OCW,以及如何写,写什么值,则要根据期望的方式和功能,对照各命令字的格式、功能来确定。

6.2　重点与难点

重点:

1) 输入/输出接口的一般结构及各种 I/O 寻址方式。

2) CPU 对多个外设的选择,端口地址译码的方式及硬件连接图。

3) 程序传送方式的应用,能编写输入、输出程序。

4) 中断类型码,中断向量表,中断响应及中断处理过程。

5) 8259A 的编程方法。

难点:

1) 掌握各种传送方式的硬件连接。

2) 中断类型码,中断向量表,中断响应及中断处理过程。

3) 8259A 的应用。

6.3　典型例题精解

例 6.1

I/O 单独编址方式下,从端口读入数据可使用(**C**)。

A. MOV　　　　　B. OUT　　　　C. IN　　　　D. XCHG

分析:存储器与 I/O 分开编址,指令系统要设专门的输入输出指令,即 CPU 访问存储器和访问 I/O 端口用不同的指令。指令操作码助记符一般为英语单词或英语单词的缩写,以反映该条指令的功能。在 8086/8088 指令系统中,MOV 表示数据传送,但不包括与 I/O 端口之间的传送;OUT 表示 CPU 输出数据到 I/O 端口;IN 表示 CPU 从 I/O 端口读入数据;XCHG 是数据交换指令操作码助记符。

例 6.2

(1) 设计输入输出接口电路时,输入接口电路的关键器件是(**三态缓冲器**);输出接口电路的关键器件是(**锁存器**)。

(2) 可用作简单输入接口的电路是(**D**)。

A. 译码器　　　B. 锁存器　　　　C. 方向器　　　　D. 三态缓冲器

(3) 判断：接口的基本功能是输入锁存，输出缓冲。**(错误)**

分析：作为输入接口电路的基本功能，是在 CPU 的 RD 信号作用下，将数据送到系统的数据总线上，而在其他时刻，要与系统的数据总线隔离(浮空、高阻)。所以，输入接口电路的关键期间是三态缓冲器。

作为输出接口电路的基本功能，在 CPR 的 WR 信号作用下，及时将系统数据总线上传来的数据接受下来并保存。所以，输出接口电路的关键器件是锁存器。

例 6.3

CPU 与 I/O 设备之间传送的信号有(**D**)。

A. 控制信息　　　B. 状态信息　　　C. 数据信息　　　D. 以上三种都有

分析：数据信息是 CPU 与 I/O 设备(或接口)之间要交换信息，但 I/O 设备要在 CPU 控制下工作，所以交换信息中要有相应的控制信息。为保证数据传送的正确性，CPU 需要了解 I/O 设备当前的工作状况，所以交换信息中要有外设的状态信息。因此，CPU 与 I/O 设备之间传送的信号种类有控制信息、状态信息和数据信息。

注：不论数据信息状态，状态信息还是控制信息，都是通过系统的数据线传送，传送时采用不同的端口。故一个 I/O 接口里常有多个 I/O 端口，在指令中通过不同的 I/O 端口信号加以区分。

例 6.4

I/O 端口的寻址方式一般有**(I/O 端口和存储器统一编址方式)**和**(I/O 端口单独编址方式)**两种。

分析：I/O 端口的编址方式有存储器映像的 I/O 端口编址(I/O 端口和存储器统一编址)和 I/O 端口单独编址两种。I/O 端口单独编址方式是 I/O 端口和存储器在两个独立的地址空间编址，因此，CPU 访问存储器和访问 I/O 端口要使用不同的指令，指令系统要设置专门的输入输出指令。

例 6.5

主机与外设信息传送的方式中，中断方式的主要优点是(**D**)。

A. 接口电路简单，经济，只需要少量硬件

B. 数据传输的速度快

C. CPU 时间的利用率最高

D. 能实时响应 I/O 设备的输入输出请求

分析：对查询方式，CPU 启动外设工作后，在传送数据前，先要查询外设状态，若外设未准备好，则程序要反复执行读状态指令来查询外设状态，直到外设做好了数据传送准备，用一条 I/O 指令完成一个数据(8 位或 16 位)的传送，对这种传送方式，CPU 的大部分时间都处于查询等待状态下，不能与外设并行工作，降低了 CPU 的工作效率。中断方式能实现主机与外设的并行工作，且能实时响应 I/O 设备的输入输出中断请求。DMA 方式期间，CPU 已停止执行程序，让出了三总线的使用权。

例 6.6

8086 在响应外部 HOLD 请求后将(　D　)。

A. 转入特殊中断服务程序

B. 进入等待周期

C. 只接受外部数据

D. 所有三态引脚处于高阻，CPU 放弃对总线控制权

分析： HOLD 是总线保持输入，这个信号有效，表示请求 80X86 交出总线控制权。若 CPU 响应 HOLD 请求，则表示 CPU 交出总线控制权。所以只有 D 正确。

例 6.7

(1) 8086 CPU 工作在 DMA 方式时，其 $AD_0 \sim AD_{15}$ 引脚处于(**高阻状态**)。

(2) 8086 CPU 与工作在 DMA 方式有关的两个引脚是(**总线保持请求 HOLD**)和(**总线保持相应 HLDA**)。

分析： 在 DMA 工作方式下，即 CPU 处在"总线保持响应"，CPU 已放弃对系统三总线的控制权，CPU 的地址/数据复用引脚、地址/状态复用引脚等都处于三态的高阻状态。配合 DMA 方式工作的 CPU 引脚有两个，一个是总线保持请求 HLOD，当 HOLD=1，表示和 CPU 共享总线的其他部件请求获取总线控制权；另一个是总线保持响应 HLDA，当 HLDA=1，表示 CPU 已让出系统三总线控制权，并使响应的引脚设置成高阻状态。

例 6.8

(1) 写出主机和外围设备之间数据交换的 4 种方式(**无条件传送**)、(**查询传送**)、(**中断传送**)和(**DMA 传送**)。

(2) 微机系统中，主机与外设之间交换信息通常采用(**程序控制方式**)、(**中断控制方式**)和(**DMA 控制方式**)方式。

分析： 主机和外围设备之间数据传送方式一般分为 3 类：程序控制方式、中断控制方式和 DMA 控制方式. 程序控制方式是指 CPU 与外设之间的数据传送直接在程序控制下完成，它又可以分成无条件传送和有条件传送两种方式. 所以，主机和外围设备之间数据传送方式一般分为 4 种方式：无条件传送方式、有条件传送方式、程序中断方式和 DMA 方式。

例 6.9

在 80X86 CPU 构成的系统中，内存地址可否用于接口？接口地址可否用于内存？

答： 内存地址可用于接口，这即是前述的存储器映象编址方式，这时接口的地址空间是内存空间的一部分，接口与内存使用相同的读写控制逻辑，两者通过不同的地址编码来区分。对接口来说，关键是保证其读写时序与 CPU 的读写时序相匹配。

接口地址不能用作内存地址使用。因为 80X86 CPU 通过 CS：IP 只能运行存放于内存的程序，而对于存储在接口地址区域里的程序，CPU 无法直接执行，若要执行，则必须将它们读到内存中才行。因此接口地址不能用于内存，但可作为外存使用，用于存放数据或

程序，用的时候先读到内存中然后再用。

例 6.10

8086 CPU 内哪些寄存器可以和 I/O 端口直接打交道？若 I/O 端口地址分别为 30H 和 300H，分别写出从这两端口输入一个字节的程序段。

分析：8086 CPU 内可与 I/O 端口打交道的寄存器为：AL、AX 和 DX。

从端口 30H 输入一个字节的方法有两种。

IN AL，30H　　；方法 1

MOV DX，30H　　；方法 2

IN AL，DX

从端口 300H 输入一个字节的方法只有一种。

MOV DX，300H

IN AL，DX

例 6.11

微型计算机中最基本的三种总线是哪三种？各有什么特点？

答：微型计算机中最基本的三类总线是数据总线 DB、地址总线 AB、存储器和 I/O 读/写控制线。DB 是双向总线，用于把数据送入或送出 MPU；AB 为 MPU 发出的单向总线，用于寻址存储单元或 I/O 端口；读/写控制线是 MPU 发出的单向控制总线，决定数据总线上数据流的方向。

例 6.12

查询方式输入输出时，在 I/O 接口中设有状态寄存器，通过它来确定 I/O 设备是否就绪。请说明输入输出时就绪的含义各是什么？

分析：输入时就绪的含义是指要输入的数据已稳定地存入数据缓冲器中，即数据缓冲器满；输出时就绪的含义则是指输出数据缓冲器中的数据已被外设取走。

例 6.13

8086 CPU 接收到中断类型码后，将它左移(**A**)位，形成中断向量的起始地址。

A. 2　　　B. 4　　　C. 8　　　D. 16

分析：中断向量地址指存放中断向量的起始单元地址。中断向量地址与中断类型号的关系：

中断向量地址=中断类型号*4=中断类型号逻辑左移两位。

例 6.14

某一可编程中断控制器 8259A 的 IR_3 接在一个输入设备的中断请求输出线上，其中断类型号为 83H．问该片的中断型号的范围是多少？

答案：单片使用的 8259A 可以管理 8 级中断。其对应的 8 个中断向量依次存放在中断向量表中连续的 32 个字节里，因此占有连续的 8 个中断类型号。即这 8 个中断类型号的高

5 为相同，后 3 位由所接的 IR$_i$ 编号决定。如接在 IR$_0$，后 3 位为 000BH；接在 IR$_4$，后 3 位为 100B。

现接在 IR$_3$ 上，中断类型号为 83H。所以该片的中断类型号的范围是 80H~87H。

6.4　重要习题与考研题解析

例 6.15

DMA 方式是主机与外设之间传送数据的一种方式，它是在(**DMAC**)的控制下，(**I/O 或外设或输入设备**)与(**存储器**)之间直接进数据交换。

分析：DMA 是一种适合于高速外设与存储器之间批量数据传送的方式，例如应用在磁盘和内存成批交换数据场合。数据传送过程是在 DMA 控制器(DMAC)的控制下，利用系统总线实现数据从 I/O 设备直接到内存或者从内存直接到 I/O 设备，此时的 CPU 已经停止执行程序，让出了对系统三总线的使用权。

CPU 响应中断请求，只是暂停现行程序的执行，转去执行中断服务程序，中断服务程序执行完毕后，再返回现行程序从暂停处(断点)继续执行。所以 CPU 一直在执行程序，在使用系统的三总线。

例 6.16

从硬件角度而言，采用硬件最少的数据传送方式是(　**B**　)。

A. DMA 控制　　　B. 无条件传送　　C. 查询传送　　　D. 中断传送

分析：无条件传送对外设要求最高。要求外设时刻处于数据交换就绪状态，因此，CPU 与外设交换数据时，省去了查询外设状态这一步。主要用于像 LED、开关等简单外部设备。

例 6.17

从输入设备向内存输入数据时，若数据不需要经过 CPU，其 I/O 数据传送控制方式是(　**C**　)。

A. 程序查询方式　　　B. 中断方式　　C. DMA 方式　　　D. 直接传送方式

分析：程序查询方式和中断方式的数据传送需要输入/输出指令，在 8086/8088 指令系统里，CPU 内部的寄存器 AL/AX 要参与数据传送。而 DMA 方式不依靠输入/输出指令。

例 6.18

一般的接口芯片与 CPU 连接的信号线有哪几类?

分析：首先要有地址信号线，传送 CPU 送来的地址信息，完成该芯片上 I/O 端口的寻址；其次要有数据信号线，在执行输入/输出指令时，这是 CPU 内部的累加器和接口之间数据交换的通路，CPU 与接口传送的不论是数据信息、状态信息还是控制信息，都是在数据线上进行的；此外还要有控制信号线，以实现对芯片工作的控制以及读写控制。所以，一般的接口芯片与 CPU 连接的信号线中应有数据信号线、地址信号线和控制信号线 3 类。

答案： 一般的接口芯片与 CPU 连接的信号线有 3 类，分别是数据信号线、地址信号线和控制信号线.

例 6.19

PC 机采用向量中断方式处理 8 级外中断，中断号依次为 08H～0FH，在 PAM 00：2CH 单元开始依次存放 23H、FFH、和 F0H 4 个字节，该向量对应的中断号和中断程序入口是（　**B**　）

A. 0CH，23FFH：00F0H　　　　　B. 0BH，F000H：FF23H

C. 0BH，00F0H：23FFH　　　　　D. 0CH，F000H：FF23H

分析： 00：2CH 单元的物理地址=0002CH=0000　0000　0000　0010 1100B

逻辑右移两位，得 1011B=BH，即中断类型号为 11。

由 RAM 00：2CH 单元开始依次存放 23H、FFH、00H 和 F0H 4 个字节知，中断服务程序入口地址为 F000：FF23H

例 6.20

8259 A 工作在 8086/8088 模式，中断向量字节 ICW_2=A0H，若在 IR_3 处有一中断请求信号，这是它的中断向量号为**(A3H)**，该中断的服务程序入口地址保存在内存地址为**(28CH)**至**(28FH)**的**(4)**个单元中。

分析： 本例主要考查如何根据中断类型号基值字 ICW_2(中断向量字节)和 8259A 的引脚 IR_i 来确定中断向量号，如何根据中断向量号确定中断向量地址。8259A 的引脚 IR_i 中断向量号形成规则为中断向量号的高 5 位内容取自 ICW_2 的高 5 位内容，低 3 位内容取自 IR_i 引脚编号。

ICW_2=A0H=1010　0000B　　　　IR_i=IR_3，其编号为 011。

所以，IR_3 的中断向量号= 10100　011B=A3

由中断向量号 A3H=1010 0011B,逻辑左移 2 位得中断向量地址 1010 0011 00B= 28CH。该中断向量号占用中断向量表中 28CH、28DH、28EH、28FH 连续 4 个字节单元。

例 6.21

某可编程控制器 8259A，初始化命令字 ICW_2 内容为 23H，问该片的中断类型号的范围是多少?

答案： 单片使用的 8259A 连续占 8 个中断类型号。每个中断类型号有两部分组成，一部分取自初始化命令字 ICW_2 的高 5 位，另一部分来自 IR_i 编号。

中断类型号的范围　　　20H～27H

例 6.22

有三片 8259 级联，从片分别接入主片的 IR_2 和 IR_5，则主 8259 的 ICW_3 中的内容为（　**A**　）；两片从片 8259 的 ICW_3 的内容分别为（　**D**　）。

A. 24H　　　　B. 42H　　　　C. 00H，01H　　　　D. 02H，05H

分析： 初始化命令 ICW_3 的功能是设置级联控制方式。对主片，各位对应 IR_0~IR_7 的连接情况，此题给定的条件是 IR_2、IR_5 接有从片，所以控制字为 00100100B=24H。对从片，ICW_3 高五位为 0，低三位是对应主片 IR_i 的编码，所以接 IR_2 的从片控制字为 00000010B=02H，接 IR_5 的从片控制字为 00000101B=05H。

例 6.23

8086 CPU 内哪些寄存器可以和 I/O 端口打交道？若 I/O 端口地址分别为 30H 和 300H，分别写出向这两端口写入命令字 86H 的程序段。

答： 8086 CPU 内可与 I/O 端口打交道的寄存器为：AL，AX，DX

向端口 30H 写入命令字 86H 的程序段为：

```
MOV   AL,   86H
OUT   30H,  AL
```

向端口 300H 写入命令字 86H 的程序段为：

```
MOV   AL,   86H
MOV   DX,   300H
OUT   DX,   AL
```

分析： 在 80X86 系列微机中，访问 0～0FFH 号端口可用直接寻址、也可用 DX 的间接寻址，而对 0100H～0FFFFH 范围的端口只能用 DX 间接寻址。

例 6.24

对于 8259A 可编程控制器，当其单片使用时可同时接收(①A)中断请求信号；当级联使用时，其主片的(②D)应与从片的(③A)连接。

① A. 8 个　　　B. 12 个　　　C. 4 个　　　D. 16 个

② A. SP/EN　　B. CS　　　C. INTA　　D. IR_i(i=0~7)

③ A. INT　　　B. INTA　　C. CS　　　D. CAS_i (i=0~2)

分析： 可编程中断控制器(也称 PIC)共有 28 个引脚，其中 8 个中断请求输入引脚 IR_0～IR_7 可用来接收 8 个中断源发出的中断请求信号。一个 INTR 引脚用于输出中断请求信号，一个 INTA 引脚用于接收 CPU 发来的中断响应信号。当级联使用时，从片作为主片的一个中断源，从片的 INTR 引脚应与主片的 IR_i 链接。

例 6.25

8086 系统采用级联方式，主 8259A 的中断类型码从 30H 开始，端口地址为 20H、21H，采用边沿触发方式。从片 8259A 的 INT 接主片的 IR_7，从片中断类型码从 40H 开始，端口地址为 22H、23H，采用边沿触发方式，主从片均不需要 ICW_4。

(1) 主 8259A 初始化

```
MOV  AL, 00010000B
MOV  DX, 20H
OUT  DX, AL; 写 ICW1
MOV  AL, 30H
INC  DX
OUT  DX, AL; 写 ICW2
MOV  AL, 80H;
OUT  DX , AL; 写 ICW3
```

(2) 从片初始化

```
MOV  AL, 00010000B
MOV  DX, 22H
OUT  DX, AL; 写ICW₁
MOV  AL, 40H
INC  DX
OUT  DX, AL; 写ICW₂
MOV  AL, 07H;
OUT  DX , AL; 写ICW₃
```

6.5 习题及参考答案

6.5.1 习题

一、选择题

1. I/O 端口的独立编址方式特点有(　　　)。

    A. 地址码较长　　　　　　　　　　　　B. 需专用的 I/O 指令

    C. 只需要存储器存取指令　　　　　　　D. 一码电路较简单

2. CPU 对存储器或 I/O 端口完成一次读/写操作所需的时间为一个(　　　)。

    A. 指令周期　　　　B. 总线周期　　　　C. 时钟周期　　　　D. 以上都不是

3. 总线握手的作用是(　　　)。

    A. 控制总线占用权，防止总线冲突　　B. 实现 I/O 操作的同步控制

    C. 控制每个总线操作周期中数据传送的开始和结束　　　D. 以上都不是

4. 由于 8086 CPU 有单独的 I/O 指令，所以其 I/O 接口(　　　)。

    A. 只能安排在其 I/O 空间内　　　　　B. 只能安排在其存储空间内

    C. 既可以安排在其 I/O 空间，也可以安排在其存储空间内　　　D. 以上都不对

5. (　　　)是任何 I/O 接口中必不可少的逻辑部件。

    A. 数据缓冲器、控制寄存器、状态寄存器

    B. 数据缓冲器、端口地址译码器、读/写控制逻辑

    C. 数据缓冲器、端口地址译码器、中断控制逻辑

    D. 以上都是

6. 80486 采用存储器映象方式编址时，存储单元与 I/O 端口是通过(　　　)来区分的。

    A. 不同地址编码　　B. 不同的读/写控制逻辑　　C. 专用 I/O 指令　　D. 以上都不对

7. 对于 PC/XT，8088 CPU 的操作时序中的(　　　)状态之后，不需要插入(　　　)的操作为(　　　)。

    A. T₂　　　　　　　　　B. T₃　　　　　　　　　　　　　　　C. TW

D. I/O　读写操作　　E. 非动态 RAM 刷新的 DMA 操作　　F. 存储器读写操作

8. 按微机系统中与存储器的关系，I/O 端口的编址方式分为(　　)。

　　A. 线性和非线性编址　　　　　　B. 集中与分散编址

　　C. 统一和独立编址　　　　　　　D. 重叠与非重叠编址

9. 从硬件角度看，采用硬件最少的数据传送方式为(　　)。

　　A. DMA 控制　　　　　　　　　B. 中断传送

　　C. 查询传送　　　　　　　　　　D. 无条件传送

10. CPU 响应中断请求和响应 DMA 请求的本质区别是(　　)。

　　A. 响应中断时 CPU 仍控制总线；而响应 DMA 时 CPU 让出总线

　　B. 程序控制　　　　　　C. 需要 CPU 干预　　　　　　D. 速度快

11. 在 DMA 传送方式下数据传送(　　)。

　　A. 不需要 CPU 干预也不需要软件介入　　B. 需 CPU 干预但不需要软件介入

　　C. 不需要 CPU 干预但需要软件介入　　　D. 需 CPU 干预又需要软件介入

12. 在 I/O 接口的各种寄存器中，(　　)必须具有三态输出功能。

　　A. 控制寄存器　　　　　　　　　B. 状态寄存器

　　C. 数据缓冲寄存器　　　　　　　D. 以上都是

13. 全互锁异步总线协定相对于同步总线协定，具有(　　)的优点。

　　A. 可靠性高，传输速度快　　B. 可靠性高，适应性好　　C. 速度快，适应性好

14. 在 I/O 端口的编址方式种，隔离 I/O 方式相对于寄存器映像方式,具有(　　)的优点。

　　A. I/O 端口的地址译码简单、程序设计灵活

　　B. I/O 端口地址不占用存储地址空间、译码简单

　　C. I/O 读写控制逻辑简单、程序设计灵活

　　D. 以上都是

15. 主机与设备传送数据时，采用(　　)，CPU 的效率最高

　　A. 程序查询方式　　　　B. 中断方式

　　C. DMA 方式　　　　　　D. 无条件传送方式

16. 当采用(　　)输入数据时，除非计算机等待，否则无法传送数据给计算机。

　　A. 程序查询方式　　　　B. 中断方式

　　C. DMA 方式　　　　　　D. 以上都是

17. 8086 CPU 工作在总线请求方式时，会让出(　　)。

　　A. 地址总线　　　　　　B. 数据总线

　　C. 地址和数据总线　　　D. 地址、数据和控制总线

18. 8086 CPU 的 I/O 地址空间为(　　)字节。

　　A. 64KB　　　　　　　　B. 1MB　　　　　　　　C. 256B　　　　　　　　D. 1024B

19. CPU 在执行 OUT　DX, AL 指令时，(　　)寄存器的内容送到地址总线上。

　　A. AL　　　　　　　　　B. DX　　　　　　　　　C. AX　　　　　　　　　D. DL

20. 8086 在执行 IN　AL, DX 指令时，DX 寄存器的内容送到(　　)上。

　　A. 地址总线　　　　　　B. 数据总线　　　　C. 存储器　　　　D. 寄存器

21. 查询输入/输出方式需要外设提供(　　)信号,只有其有效时,才能进行数据的输入和输出。

　　A. 控制　　　　　　　　B. 地址　　　　　　C. 状态　　　　　　D. 数据

22. CPU 在执行 IN　AL, DX 指令时,其(　　)。

　　A. WR 为低,RD 为低　　　　　　　　　　B. WR 为高,RD 为高

　　C. WR 为高,RD 为低　　　　　　　　　　D. WR 为低,RD 为高

23. 采用 DMA 方式的 I/O 系统中,其基本思想是在(　　)间建立直接的数据通道。

　　A. CPU 与外设　　　　　B. 主存与外设

　　C. 外设与外设　　　　　D. CPU 与主存

24. 微处理器只启动外设而不干预传送过程的传送方式是(　　)方式。

　　A. 中断　　　　　　　　B. DMA　　　　　　C. 查询　　　　　　D. 无条件

25. 在数据传送过程中,不需要 CPU 接入的传送方式是(　　)。

　　A. 无条件传送　　　　　B. 查询方式　　　　C. DMA 方式　　　　D. 中断方式

26. I/O 设备与 CPU 之间交换信息,其状态信息是通过(　　)总线传送给 CPU 的。

　　A. 地址　　　　　　　　B. 数据　　　　　　C. 控制　　　　　　D. 三者均可

27. 在 8086/8088 微机系统中,可访问的 I/O 端口范围为(　　)。

　　A. 00H~FFH　　　　　B. 000H~FFFH　　C. 0000H~FFFFH　D. 00000H~FFFFFH

28. 8086/8088 微处理器可寻址访问的最大 I/O 空间为(　　)。

　　A. 8KB　　　　　　　　B. 32KB　　　　　　C. 64KB　　　　　　D. 1MB

29. CPU 对外设的访问实质上是对(　　)的访问。

　　A. 接口　　　　　　　　B. I/O 端口　　　　C. I/O 设备　　　　D. 接口电路

30. 8086/8088 对 10H 端口进行写操作,正确指令是(　　)。

　　A. OUT　10H, AL　　B. OUT　[10H], AL

　　C. OUT　AL, 10H　　D. OUT　AL, [10H]

31. CPU 响应非屏蔽中断请求 NMI 的必要条件是(　　)。

　　A. 当前一条指令执行完　B. NMI=1　　　C. IF=1　　　　　　D. A 与 B

32. 不可屏蔽中断 NMI 的中断类型码为(　　)。

　　A. 1　　　　　　　　　B. 2　　　　　　　　C. 3　　　　　　　　D. 4

33. CPU 响应 NMI 时,中断类型码由(　　)。

　　A. 中断源提供　　　　　B. 外设提供　　　　C. 接口提供　　　　D. 硬件预先规定

34. 下列哪种类型的中断不属于内部中断(　　)。

　　A. 溢出　　　　　　　　B. 断点　　　　　　C. 单步　　　　　　D. INTR

35. 内部中断的中断类型码是由(　　)。

　　A. 外设提供　　　　　　　　　B. 接口电路提供

　　C. 指令提供或预先规定　　　　D. I/O 端口提供

36. 下列中断优先级最高的是(　　)。

A. 单步　　　　　　　　B. INT n　　　　　C. NMI　　　　　　　D. INTR

37. 8086/8088 系统中的中断向量表用于存放(　　)。

A. 中断向量　　　　　　B. 向量表地址　　　C. 中断类型码

D. 中断服务程序返回地址

38. 一个中断服务程序的入口地址在中断向量表中占用(　　)。

A. 1 个字节　　　　　　B. 2 个字节　　　　C. 3 个字节　　　　D. 4 个字节

39. CPU 相应中断后得到中断向量号为 9, 则从(　　)单元取出中断服务程序入口地址。

A. 0009H　　　　　　　B. 00009H　　　　　C. 00024H　　　　　D. 0024H

40. 在 8259A 中, 寄存器 IMR 的作用是(　　)。

A. 记录处理的中断请求　　　B. 判断中断优先级的级别

C. 有选择的屏蔽　　　　　　D. 存放外部输入的中断请求信号

41. 在 8259A 中, 寄存器 PR 是(　　)。

A. 记录处理的中断请求　　　B. 判断中断优先级的级别

C. 有选择的屏蔽　　　　　　D. 存放外部输入的中断请求信号

42. 当用 Intel 8259A 作为中断控制器时, 在外部可屏蔽中断的服务程序中, 要用 EOI 命令(中断结束命令)是因为(　　)。

A. 要用它来清除中断请求, 以防止重复进入中断程序

B. 要用它屏蔽已被服务了的中断源, 使其不再发出请求

C. 要用它来重新配置 8529A 中断控制器

D. 要用它来清除中断服务寄存器中的相应位, 以允许同级或较高级中断能被服务

43. 8086/8088 的中断是向量中断, 其中断服务程序的首址由(　　)提供。

A. 外设中断器

B. CPU 的中断逻辑电路

C. 从中断控制器读回中断类型号左移 2 位

D. 由中断类型号指向的向量地址表中读出

44. 下面的中断中, 只有(　　)需要硬件提供中断类型码。

A. INTO　　　　　　　　B. INT n　　　　　C. NMI　　　　　　　D. INTR

45. 8259A 级联最多的可以用(　　)。

A. 2 片　　　　　　　　B. 4 片　　　　　　C. 8 片　　　　　　　D. 9 片

46. 可用作简单输入接口的是(　　)。

A. 译码器　　　　　　　B. 锁存器　　　　　C. 方向器　　　　　　D. 三态缓冲器

47. CPU 与 I/O 设备之间传送的信号有(　　)。

A. 控制信息　　　　B. 状态信息　　　C. 数据信息　　　D. 以上三种都有

48. 当用 Intel 8259A 作为中断控制器时, 在外部可屏蔽中断的服务程序中, 要用 EOI 命令(中断结束命令)是因为(　　)。

A. 要用它来清除中断要求, 以防止重复进入中断程序

B. 要用它屏蔽已被服务了的中断源, 使其不再发出请求

C. 要用它来重新配置 8259A 中断控制器

D. 要用它来清除中断服务寄存器中的相应位, 以允许同级或较低级中断能被服务

49. 在 8259A 中, 寄存器 IMR 的作用是( )。

A. 记录处理的中断请求　　　B. 判断中断优先级的级别

C. 有选择的屏蔽　　　　　D. 存放外部输入的中断请求信号

50. CPU 响应中断请求和响应 DMA 请求的本质区别是( )。

A. 响应中断时 CPU 仍控制总线; 响应 DMA 时 CPU 让出总线

B. 程序控制　　　C. 需要 CPU 干预　　　D. 速度快

51. 从硬件角度而言, 采用硬件最少的数据传送方式是( )。

A. DMA 传送　　　B. 无条件传送　　　C. 查询传送　　　D. 中断传送

52. CPU 响应单个屏蔽中断的条件是( )。

A. CPU 开中断　　　B. 外设中断请求信号不屏蔽外设

C. 有中断请求信号

D. 同时满足上述 A、B、C 条件, 且正在执行的指令执行完毕

53. 当多片 8259A 级联使用时, 对于从片 8259A, 级联信号 CAS2~CAS0 是( )。

A. 输入信号　　　B. 输出信号　　　C. 全部信号　　　D. 中断信号

54. 8086 CPU 接收到中断类型码后, 将它左移( )位, 形成中断向量的起始地址。

A. 2　　　B. 4　　　C. 8　　　D. 16

55. 若 8086 系统采用单片 8259A, 其中中断类型码为 25H, 中断服务程序的入口地址为 0100H: 7820H, 则相应的中断矢量即从该地址开始, 连续 4 个存储单元存放的内容为( )。

A. 0094H: 20H, 78H, 00H, 01H　　　B. 0100H: 01H, 00H, 78H, 20H

C. 0094H: 01H, 00H, 78H, 20H　　　D. 0100H: 20H, 78H, 00H, 01H

56. 如果有多个中断同时发生, 系统将根据中断优先级响应优先级最高的中断请求。若要调整中断事件的响应顺序, 可以利用( )。

A. 中断响应　　　B. 中断屏蔽　　　C. 中断向量　　　D. 中断嵌套

57. 当用 Intel 8259A 中断控制器时, 其中断服务程序要用 EOI 命令是因为( )。

A. 用它屏蔽该正在被服务的中断, 使其不再发出中断请求

B. 用它来清除该中断服务寄存器中的对应位, 以允许同级或低级的中断能被响应

C. 用它来清除该中断服务寄存器中的对应位, 以免重复影响该中断。

58. 执行 INTn 指令或响应中断时, CPU 保护现场的顺序是( )。

A. 先保护 FR, 其次 CS, 最后 IP

B. CS 在先, 其次是 IP, 最后保护 FR

C. FR 最先, 其后依次是 IP, CS

D. IP 最先, CS 其次, FR 最后

59. 8086 对中断请求响应优先级最好的请求是( )。

A. NMI　　　B. INTR　　　C. 内部软件中断　　　D. 单步中断

60. 当 80486 工作在实地址方式下时，已知中断类型号为 14 H，则它的中断向量存放在存储器的向量单元(　　)中。

    A. 00051H～00054H　　　　　　　　B. 00056H～00059H

    C. 0000：0050H～0000：0053H　　　D. 0000：0056H～0000：0059H

61. 中断向量地址是(　　)。

    A. 子程序入口地址　　　　　　　　B. 中断服务程序入口地址

    C. 中断服务程序入口地址的地址　　D. 传送数据的起始地址

62. 当多片 8259A 级联使用时，对于从 8259A，级联信号 CAS_2～CAS_0 是(　　)。

    A. 输入信号　　　　　　　　　　　B. 输出信号

    C. 中断信号　　　　　　　　　　　D. 全部信号

63. 8259A 的(　　)必须在正常操作开始前写入。

    A. 初始化命令字 ICW

    B. 操作命令字 OCW

    C. 初始化命令字 ICW 和操作命令字 OCW

64. 8086 的中断源来自两个方面。即(　　)。

    A. 外部中断和内部中断　　　　　　B. 屏蔽与非屏蔽中断

    C. CPU 产生的中断和软件中断　　　D. 单步和溢出错中断

65. 8086 CPU 中断号为 8 的中断矢量存放在(　　)。

    A. 0FFFFH：0008H　　　　　　　　B. 0000H：0008H

    C. 0000H：0020H　　　　　　　　　D. 0020H：0000H

66. PC 机采用向量中断方式处理 8 级外中断，其中断号依次为 08H～0FH，在 RAM 0：2CH 单元开始地址由低到高依次存放 23H，FFH，00H 和 F0H 四个字节，该向量对应的中断号和中断程序入口地址是(　　)。

    A. 0CH，23FFH：00F0H　　　　　　B. 0BH，F000H：FF23H

    C. 0BH，00F0H：23FFH　　　　　　D. 0CH，F000H：FF23H

67. 中断向量是(　　)。

    A. 被选中设备的起始地址　　　　　B. 传送数据的起始地址

    C. 中断服务程序的入口地址　　　　D. 主程序的断点地址

68. 下列 8086 CPU 中断优先权顺序由高到低正确的是(　　)。

    A. 单步中断，NMI，溢出中断　　　B. NMI，单步中断，溢出中断

    C. 溢出中断，单步中断，NMI　　　D. 溢出中断，NMI，单步中断

69. 键盘中断的中断类型号为 09H，对应的中断服务程序入口地址为 0BA9H：0125H，那么 A9H 所在的存储单元的地址为(　　)。

    A. 0000H：0025H　　　　　　　　　B. 0000H：0038H

    C. 0000H：0026H　　　　　　　　　D. 0000H：0037H

70. CPU 响应 INTR 引脚上的中断请求的条件是(　　)。

    A. IF=0　　　　B. IF=1　　　　C. TF=0　　　　D. TF=1

71. 8086 中断系统可以管理( )种中断。

    A. 16   B. 1K   C. 256   D. 128

72. 8086 中断向量表的大小为( )字节。

    A. 256   B. 1024   C. 2k   D. 64k

73. 8086 中断系统中优先级最低的是( )。

    A. 可屏蔽中断   B. 不可屏蔽中断   C. 单步中断   D. 除法出错

74. 下列 8086 CPU 中断优先权顺序由高到低正确的是( )。

    A. 单步中断，NMI，溢出中断   B. NMI，单步中断，溢出中断

    C. 溢出中断，单步中断，NMI   D. 溢出中断，NMI，单步中断

75. 键盘中断的中断类型号为 09H，所对应的中断服务程序入口地址为 0BA9H：0125H，则 0000：0026H 单元中存放的是( )。

    A. 0BH   B. A9H   C. 01H   D. 25H

76. 当多片 8259A 级联使用时，对于从片 8259A，级联信号 $CAS_2 \sim CAS_0$ 是( )。

    A. 输入信号   B. 输出信号   C. 全部信号   D. 中断信号

77. 有 3 片 8259A 级联，从片分别接入主片的 IR_2 和 IR_5，则主片 8259 的 ICW_3 中的内容为(①)，2 片从片 8259 的 ICW_3 的内容分别为(②)。

    ① A. 48H   B. 24H   C. 12H   D. 42H

    ② A. 00H，01H   B. 20H，40H   C. 04H，08H   D. 02H，05H

二. 填空题

1. I/O 端口有( )和( )两种编址方式。

2. DMA 传送方式适用于高速且( )传送数据场合。对这一数据传送过程的硬件称为( )。

3. 主机与外设之间的数据传送控制方式有 3 种，分别是( )、( )和( )。

4. CPU 和输入/输出接口( )之间数据传送的方式有( )、( )、( )、( )。

5. 输入/输出指的是( )与( )间进行数据传送。

6. DMA 方式的中文意义是( )。

7. 总线按传送信息的类别可分为：( )、( )、( )三类。

8. CPU 与 I/O 接口间传送的信息一般包括( )、( )和( )等三种类型。

9. I/O 外设的数据类型通常有( )、( )、和( )、( )四类。

10. 8086 I/O 空间有( )字节，其中 16 位 I/O 口只能安排在( )地址空间。

11. 指令周期由一个或若干个总线周期组成，在 IN AL，20H 指令的执行中，一定有一个( )总线周期。在该总线周期内，地址总线上传送的是( )，控制线( )有效，而数据总线传送的是( )。

12. 8086 CPU 的 READY 输入的作用是( )。

13. I/O 数据缓冲器主要用于协调 CPU 与外部设备在( )上的差异。

14. I/O 接口按外设的数据传输方式可分为( )、( )两种。

15. DMAC 的工作方式有(　　)、(　　)、(　　)三种。

16. 任何接口电路，结构上都是由(　　)和(　　)两大部分组成。

17. 8086/8088 输出指令 OUT DX，AX 的执行结果是将(　　)内容送至(　　)，该类指令可寻址的输出端口有(　　)个。

18. 8086 支持的 I/O 地址范围为 0000H～(　　)H。

19. 3 片 8259 级联，最多可接(　　)个可屏蔽中断源。

20. 有 2 片 8259A 级联，从片介入主片的 IR_2，则主片 8259A 的初始化命令字 ICW_3，应为(　　)，从片的初始化命令字 ICW_3，应为(　　)。

21. 8086 CPU 的标志寄存器 FR 中的中断允许标志位 IF=0，表示此时 CPU 不允许响应(　　)。

22. 一个中断类型号为 01CH 的中断处理程序存放在 0100H：3800H 开始的内存中，中断向量存贮在地址为(　　)至(　　)的(　　)个单元中。

23. 设中断向量表中 0030H 到 0033H 存放的是某外设的中断向量，4 个单元的数据依次为：00H，02H，20H，40H，这些地址表示的中断类型号为(　　)，其中断服务程序的首地址为(　　)。

24. 中断向量地址是指(　　)的地址。

25. 单片 8259 可管理(　　)级可屏蔽中断，4 片级联最多可管理(　　)级，最大可扩展(　　)级。

26. 8259 的 A_0 接地址总线 A_1 时，若其中一个端口地址为 82H，另一个端口地址为(　　)H；若某外设的中断类型码为 86H，则该中断源应和 8259 的中断请求寄存器 IRR 的(　　)输入端相连。

27. 8086 的中断可分为(　　)、(　　)两大类。

28. 8086 的外部中断分为(　　)和(　　)。

三、应用题

1. 什么叫 I/O 端口？一般接口中有哪几种端口？CPU 是如何实现对 I/O 端口进行读写操作的？

2. 什么叫中断？8086/8088 的中断系统如何分类？

3. 简述 8086/8 088 CPU 对 INTR 的中断响应过程。

4. 什么叫中断向量表？CPU 是如何访问向量表，进入中断服务程序的入口？

5. 图 6-2 为一个共阳极 LED 接口电路，试编写一程序段使 8 个 LED 数码管自上而下依次发亮 1 秒钟(设端口地址为 01H)。并说明该接口属于何种输入输出控制方式？为什么？

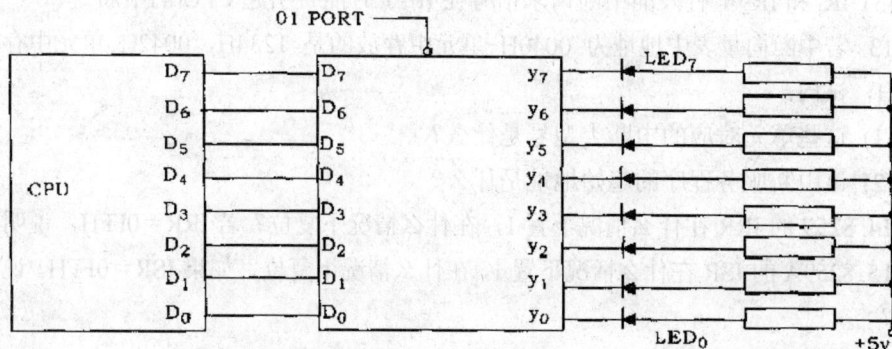

图 6-2 LED 接口电路

6. 在输入/输出的电路中，锁存器和缓冲器的作用是什么?

7. 比较主程序与中断服务程序和主程序调用子程序的主要异同。

8. 8259A 中断控制器的 IR0~IR7 的主要用途是什么?如何使用 8259A 上的 CAS0~CAS2 引脚?

9. 给定 SP=0100H，SS=0500H，FR=0240H，在存储单元中已有内容为(00024H)=0060H，(00026H)=1000H，在段地址为 0800H 及偏移地址为 00A0H 的单元中，有一条中断指令 "INT 9"。试问，执行 INT 9 指令后，栈顶的 3 个字是什么? SS、SP、FR、CS、IP 的内容是什么?

10. 现有一输入设备，其数据端口的地址为 218H，并于端口 21AH 提供状态，当其 D7 位为 1 时表示输入数据准备好了一个字节。编写采用查询方式进行数据传送的程序段，要求从 1000H:1000H 开始的内存中输出 64H 个字节到该设备。

11. 系统中有一片 8259A，中断请求信号用电平触发方式，要用 ICW$_4$，中断类型码为 60H~67H，用特殊完全嵌套方式，无缓冲，采用中断自动结束方式。编写 8259A 的初始化程序。设端口地址为 93H，94H。

12. 16 位微机系统中，有一片 8259 构成中断控制系统。设在片内 A$_0$=0 时端口的地址为 PA，在片内 A$_0$=1 时的端口地址为 PB。

```
MOV DX, PA
MOV AL, 00011011B    ; ICW₁
OUT DX, AL
MOV DX, PB
MOV AL, 10001000B    ; ICW₂
OUT DX, AL
MOV AL, 00001101B    ; ICW₄
OUT DX, AL
MOV AL, 11000010B    ; OCW₁
OUT DX, AL
```

(1) 中断结束的方式为( )。

(2) 中断级 IR$_2$ 的中断类型码为( )。

(3) IR_1 和 IR_2 上有效的中断请求信号在 IF=1 时能否引起 CPU 的中断?

13. 若中断向量表中地址为 0040H 单元中存放的是 1234H,0042H 单元中存放的是 5679H,试问:

(1) 这些单元对应的中断类型号是什么?

(2) 该中断服务程序的起始地址是什么?

14. 8259 的 IRR 在什么情况下置1,在什么情况下复位?若 IRR=0FFH,说明一下。

15. 8259A 的 ISR 在什么情况下置1,在什么情况下复位?如果 ISR=0FFH,说明什么问题?

6.5.2 参考答案

一、选择题

1. B　　2. B　　3. C　　4. C　　5. B　　6. A　　7. B,C,F　　8. C　　9. D

10. A　11. C　12. B　13. B　14. B　15. C　16. A　17. D　18. A　19. B

20. A　21. C　22. B　23. B　24. B　25. C　26. A　27. C　28. C　29. B　30. A

31. D　32. B　33. D　34. D　35. C　36. B　37. A　38. D　39. C　40. C　41. B

42. D　43. C　44. D　45. D　46. D　47. D　48. D　49. C　50. A　51. B　52. D　53. A

54. A　55. A　56. B　57. B　58. A　59. C　60. C　61. C　62. A　63. A

64. A　65. C　66. B　67. C　68. D　69. C　70. B　71. C　72. B　73. C

74. D　75. B　76. A　77. ① B, ② D

二、填空题

1. 统一编址,独立编址

2. 大批量,DMA 控制器

3. 程序控制传送方式,中断传送方式,DMA 传送方式

4. 外设,无条件传送方式,查询传送方式,中断传送方式,DMA 传送方式

5. CPU,I/O 端口

6. 直接存储器存取方式

7. 数据总线,地址总线,控制总线

8. 数据信息,地址信息,控制信息,

9. 数字量,模拟量,开关量,脉冲量,

10. 65536,0～65535

11. I/O 读,20H 号端口地址,IOR,20H 号端口中的数据

12. Tw 等待状态

13. 速度

14. 并行接口,串行接口

15. 单字节方式,字组方式, 连续方式

16. 寄存器组，控制逻辑

17. AX，DX 所寻址的 16 位端口，64K

18. 0FFFF

19. 22

20. 04H，02H

21. 可屏蔽中断

22. 0000H：0070H，0000H：0073H，4

23. 0CH，4020H：0200H

24. 中断服务程序入口地址

25. 8，29，64

26. 80，IR$_6$

27. 外部中断，内部中断

28. 可屏蔽中断，不可屏蔽中断

三、应用题

1. 答案： I/O 端口是指在 I/O 接口中，CPU 可以访问的寄存器。一般接口中含有数据端口、控制端口和状态端口。每个端口都分配一个端口地址，CPU 是通过 I/O 指令来对端口来进行读写操作的。

2. 答案： CPU 在运行程序过程中，遇到重要或紧急事件需要处理，CPU 暂停当前的程序运行，转去处理该事件，中断处理完毕后再回到原程序继续运行。这样一个过程就叫中断。8086/8088 中断系统分为两大类：外部中断和内部中断。外部中断有两种类型：INTR 和 NMI；内部中断有五种类型：溢出、除法出错、单步、断点和软件中断指令。

3. 答案： CPU 每执行完一条指令即对 INTR 信号进行检测，若对 INTR 有效，且 IF=1，则 CPU 就对 INTR 中断响应，响应过程如下：

(a) 发出中断响应信号 $\overline{INTR}$；

(b) 从数据总线上，读取中断类型码；

(c) 将标志寄存器的内容压栈；

(d) 将 IF、TF 清零；

(e) 保护断点，将当前 CS、IP 的内容压栈；

(f) 由中断类型码×4，在中断向量表中获取中断服务程序的入口地址，送入 CS、IP 中，从而进入中断服务程序入口。

4. 答案： 中断向量表是用于存放中断服务程序入口地址的表格，它被设置在内存区域 00000FH~003FFH。CPU 将中断类型码×4，从而得出向量表地址，将向量表地址所指的低两字节单元的内容送入 IP，高两字节单元的内容送入 CS，即将中断服务程序入口地址的偏移地址送入 IP、段地址送入 CS，从而进入中断服务程序。

5. 答案：　　　　MOV AL,7FH

　　　　　　LOP:　OUT 01H,AL

　　　　　　　CALL,TIME1　　　;延时一秒
　　　　　　　ROR AL,1
　　　　　　　JMP LOP

该接口为无条件传送方式，CPIJ 同 LED 之间没用联络信号，而 LED(外设)总处于就绪状态，随时可以接收来自 CPU 的信息。

　　6. 答案： 一般来说，I/O 设备的速度远比 CPU 的速度慢，并且数据具有较大的随机性，故输入设备的数据先锁存在端口的锁存器中，CPU 从端口中读入数据；输出时 CPU 将一批数据"存入"缓冲器后，外设从缓冲器中取数据，直到这批数据用完，再向 CPU 申请新的数据，在此期间，CPU 不需要管理接口。

　　7. 答案： 两者都是从主程序处转而执行其他程序，都要保护断点，但中断服务程序还需要将状态寄存器 FR，包括 IF 压入堆栈，并用 IRET 返回；而主程序调用子程序用 RET 返回。由于中断的嵌套性，也可以由低一级的中断子程序转入，并且在中断服务子程序中要对 IF 管理，这是一般子程序所不具备的。

　　8. 答案： IR0~IR7 是 8 级中断请求输入端。它用于接收来自 I/O 设备的外部中断请求。在主从级联方式的复杂系统中，主片的 IR0~IR7 端分别与各从片的 INT 端相连，用来接收来自从片的中断请求。

　　CAS0~CAS2 是 3 根级联控制信号。系统中最多可以把 8 级中断请求扩展为 64 级主从式中断请求，当 8259A 作为主片时，CAS0~CAS2 为输出信号，当 8259A 作为从片时，CAS0~CAS2 为输入信号；在主从级联方式系统中，将根据主片 8259A 的这 3 根引线上的信号编码来选择 8259A 从片，是主片发给从片的片选信号。

　　9. 答案： INT9 指令存放占 2 个字节，所以执行 INT 9 指令时，CS=0800H，IP=00A0H+2=00A2H.

　　执行 INT 9 指令，CPU 完成下列操作：

　　标志入栈：TF 和 IF 清零，这时 FR=0040H

　　断电入栈：栈顶的 3 个字按入栈顺序是 0240H，0800H，00A2H，SP=0100H-6=00FAH

　　计算中断向量地址：将中断向量送入 CS 和 IP

　　中断类型号为 9=1001B

　　中断向量地址=10 0100B=24H

　　即 9 号的中断向量存放在 24H，25H，26H，27H 等 4 个字节单元中，前两个单元内容是偏移地址送 IP，后两个单元内容是段地址送 CS.

　　所以，SS=0500H，SP=00FAH，FR0040H，CS=1000H，IP=0060H.

　　10. 答案：

　　　　MOV BX,1000H

　　　　MOV DS,BX

　　　　MOV CX,64H

　　AGAIN：MOV DX,21AH

　　ST：IN AL,DX

```
        TEST AL,80H
        JZ ST
        MOV DX,218H
        MOV AL,[BX]
        OUT DX,AL
        INC BX
        LOOP AGAIN
```

11. 答案：MOV　AL，1BH

OUT 94H，AL　 ；写 ICW_1

MOV　AL，60H

OUT 93H，AL　 ；写 ICW_2

MOV　AL，13H

OUT 93H，AL　 ；写 ICW_4

12. 答案：

(1) 非自动结束

(2) 8AH

(3) IR_1 不能引起 CPU 中断，IR_2 能引起 CPU 中断。分析：OCW_1 的 D_1 和 D_2，是 0 不屏蔽，开放；是 1 屏蔽，禁止。

13. 分析：中断向量表地址=中断类型号×4，可以用二进制表示的中断类型号左移 2 位。

反过来，中断类型号=用二进制表示的中断向量地址逻辑右移 2 位。

答案：

(1) 由 0040H=01000000B

右移后=00010000B=10H=16D

(2) 中断向量即中断服务程序的起始地址。

逻辑地址 CS：IP=5678H：1234H

14. 答：因为 IRR 的 8 个输入端分别接 8 个中断源，所以只要某位有中断请求，即 IRR 的某端 IRR_i 由低电平变为高电平，相应的 IRR 位置 1，即 $IRR_i=1$，直到中断请求已被响应，IRR 相应位复位。

IRR=0FFH，说明 8 个中断源 IR_7～IR_0 都有中断请求(由低电平变为高电平)，但没有一个获得响应。

15. 答案：当有中断请求被 CPU 响应，在 CPU 响应中断后发来第一个中断响应脉冲 INTA 时，将对应的 ISR 相应位置 1，直到结束中断或有中断结束命令才复位。

ISR=0FFH 是中断请求的最特殊情况，即 8 个中断源依次进行中断请求，且最先申请的是最低优选权的中断源。最后申请的最高优先级的中断源，并且中断处理都没有结束。

第7章 接口技术

7.1 基本知识点

7.1.1 定时/计数器 8253

1. 8253/8254 的内部结构

8253/8254 是 PC 系列微机中普遍采用的可编程定时器/计数器接口芯片。

8253/8254 内部有 3 个结构、功能完全相同的计数器通道，每个计数器通道中都有 16 位的预置寄存器(计数初值寄存器)、减法计数器和输出锁存器各一个。片内共有 4 个端口地址，分别对应于 3 个计数通道和 1 个控制字寄存器。

16 位的计数初值寄存器 CR 和 16 位的输出锁存寄存器 OL 共同占用一个 I/O 端口地址，CPU 用输出指令向 CR 预置计数初值，用输入指令读回 OL 中的数值，这两个寄存器都没有计数功能，只起锁存作用。16 位的减 1 计数器 CE 执行计数操作，其操作方式受控制寄存器控制，最基本的操作是：接受计数初值寄存器的初值，对 CLK 信号进行减 1 计数，把计数结果送输出锁存寄存器中锁存。

控制寄存器用来保存来自 CPU 的控制字。每个计数器都有一个控制命令寄存器，用来保存该计数器的控制信息。控制字将决定计数器的工作方式、计数形式及输出方式，亦决定如何装入计数初值。8253 的 3 个控制寄存器只占用一个地址号，而靠控制字的最高两位来确定将控制信息送入哪个计数器的控制寄存器中保存。控制寄存器只能写入，不能读出。

2. 8253/8254 的工作方式

8253/8254 中各计数器通道均有 6 种工作方式可供选择，要注意掌握每一种工作方式的特点，这样才能在应用时做出正确的选择。大家可以根据 OUT 端输出信号的情况，将这 6 种工作方式分成 3 组，方式 0 和方式 1 为一组，方式 2 和方式 3 为一组，方式 4 和方式 5 为一组。

要注意的是：每种工作方式下都既可定时又可计数，关键看输入的 CLK 信号是周期性的时钟脉冲串，还是随机出现的不规则脉冲序列；前者是定时、后者是计数；而且就其内部工作过程而言，每种工作方式下都是做减法计数。

8253 工作方式的基本特点：

方式 0——计数结束产生中断

方式 1——可编程单次脉冲

方式 2——分频工作方式

方式 3——方波发生器

方式 4——软件触发选通

方式 5——硬件触发选通

8253 的 6 种工作方式由方式控制字选择。应用中，要根据具体要求结合每种工作方式的特点选择恰当的工作方式。每种工作方式的特点见教材，下面就 6 种工作方式进行简单总结。

1) 输出端 OUT 的初始状态：只有方式 0 是在写入控制字后输出为低，其他均为高。

2) 计数值的设置：任一种方式，只有在写入计数值后才能开始计数，方式 0、2、3、4 在写入计数值后，计数自动开始，方式 1、5 需要外部触发，才开始计数。

3) 门控信号的作用——GATE 输入总是在 CLK 输入时钟的上升沿被采样。在方式 0、2、3、4 中，GATE 输入是电平起作用。在方式 1、2、3、5 中，GATE 输入是上升沿起作用的。

4) 在计数过程中改变计数值：只有方式 0 是在写入计数值后的下一个 CLK 脉冲后，新的计数值立即开始起作用。

5) 计数到 0 后计数器的状态：计数器减到 0 后并不停止，在方式 0、1、4、5，计数器减到 0 后从 FFFF/9999 继续计数。方式 2、3 是连续计数，计数器自动装入计数值后，继续计数。

3. 8253/8254 的编程

1) 8253/8254 的编程主要是初始化编程，有时也需要工作编程

初始化编程是在工作之前写入控制字以确定每个计数器通道的工作方式和向每个计数器通道写入计数初值；工作编程是在工作过程中改变某通道的计数初值或用锁存命令锁存某通道的当前计数值。这都涉及控制字的格式。对 8253/8254 编程要注意的问题总结如下：

① 要掌握控制字格式中每位的定义。

② 计数值可以是二进制数也可以是十进制数(BCD 码)，由控制字决定。二进制数的取值范围是 0000H～FFFFH，十进制数的取值范围是 0000～9999。两者都是写入计数值 0000H 时，代表计数的最大值、定时时间最长。

③ 写入控制字都是对控制寄存器编程，具体是对哪个计数通道编程，是由控制字最高两位区别；而读写计数值使用的是各计数通道独立的地址。

2. 8253-PIT 初始化编程的步骤：

(1) 写入通道控制字，规定通道的工作方式(8253 的 A_1A_0=11)。

(2) 写入计数值(由控制字的最高两位 D_7D_6 确定通道号)。

① 若规定只写入低 8 位，则写入的为计数值的低 8 位，高 8 位自动置 0。

② 若规定只写入高 8 位，则写入的为计数值的高 8 位，低 8 位自动置 0。

③ 若是 16 位计数值，则分两次写入，先写入低 8 位，再写入高 8 位。

(3) 定时系数(计数初值)n

$$=定时时间\ t \times 时钟频率\ fc$$

$$=定时时间\ t\ /\ 时钟脉冲周期\ Tc$$

3) 8253 的控制字格式

8253 的控制字格式及各位的定义如图 7-1 所示。

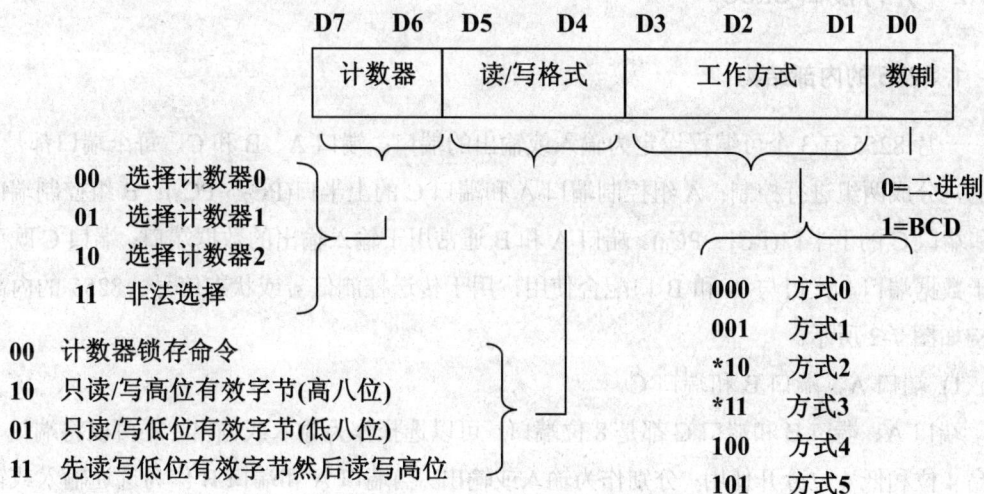

D7 D6	D5 D4	D3 D2 D1	D0
计数器	读/写格式	工作方式	数制

00　选择计数器0
01　选择计数器1
10　选择计数器2
11　非法选择

00　计数器锁存命令
10　只读/写高位有效字节(高八位)
01　只读/写低位有效字节(低八位)
11　先读写低位有效字节然后读写高位

0=二进制
1=BCD

000　方式0
001　方式1
*10　方式2
*11　方式3
100　方式4
101　方式5

图 7-1　8253 的控制字格式及各位的定义

4) 8253 的读/写操作

(1) 写操作

所谓写操作是指 CPU 对 8253 写入控制字或写入计数初值。8253 在开始工作之前，CPU 要对其进行初始化编程(写入控制字和计数初值)，具体应注意以下两点：

① 对每个计数器，必须先写控制字，后写计数初值。因为后者的格式是由前者决定的。

② 写入的计数初值必须符合控制字($D_5 D_4$ 两位)决定的格式。16 位数据应先写低 8 位，再写高 8 位。

当给 8253 中的多个计数器进行初始化编程时，其顺序可以任意，但对每个计数器进行初始化时必须遵循上述原则。

(2) 读操作

所谓读操作是指读出某计数器的当前计数值到 CPU 中。有两种读取当前计数值的方法：

① 先使计数器停止计数(在 GATE 端加低电平或关闭 CLK 脉冲)：根据送入的控制字中的 $D_5 D_4$ 位的状态，用一条或两条输入指令读 CE 的内容。实际上，CPU 是通过输出锁存器 OL 读出当前计数值的，因为在计数过程中，OL 的内容是跟随 CE 内容变化的。此时由于 CE 不再计数，故可稳定地读出 OL(即 CE)的内容。

② 在计数的过程中不影响 CE 的计数而读取计数值：为达此目的，应先对 8253 写入一个具有锁存功能的控制字，即 D5D4 位应为 00，这样就可以将当前的 CE 内容锁存入 OL 中，然后用输入指令将 OL 的内容读到 CPU 中。当 CPU 读取了计数值后，或对计数器重新进行初始化编程后，8253 会自动解除锁存状态，OL 中的值又随减 1 计数器 CE 值变化。

7.1.2　并行接口 8255

1. 8255 的内部结构

一片 8255 有 3 个可编程设定为输入或输出的端口：端口 A、B 和 C。每个端口都是 8 位的，分成两组进行控制：A 组控制端口 A 和端口 C 的上半口($PC_7 \sim PC_4$)；B 组控制端口 B 和端口 C 的下半口($PC_3 \sim PC_0$)。端口 A 和 B 通常用于输入输出的数据端口；端口 C 既可用于数据端口，又可与 A 和 B 口配合使用，用于传送控制信号或状态信号。8255 的内部结构如图 7-2 所示。

1) 端口 A、端口 B 和端口 C

端口 A、端口 B 和端口 C 都是 8 位端口，可以选择作为输入或输出。还可以将端口 C 的高 4 位和低 4 位分开使用，分别作为输入或输出。当端口 A 和端口 B 作为选通输入或输出的数据端口时，端口 C 的指定位与端口 A 和端口 B 配合使用，用作控制信号或状态信号。

2) A 组和 B 组控制电路

这是两组根据 CPU 送来的工作方式控制字控制 8255 工作方式的电路。它们的控制寄存器接收 CPU 输出的方式控制字，由该控制字决定端口的工作方式，还可根据 CPU 的命令对端口 C 实现按位置位或复位操作。

3) 数据总线缓冲器

这是一个 8 位三态数据缓冲器，8255A 正是通过它与系统数据总线相连，实现 8255A 与 CPU 之间的数据传送。输入数据、输出数据、CPU 发给 8255A 的控制字等都是通过该部件传递的。

4) 读/写控制逻辑

读/写控制逻辑电路的功能负责管理 8255A 与 CPU 之间的数据传送过程。它接收 CS 及地址总线的信号 A_1、A_0 和控制总线的控制信号 RESET、WR、RD，将它们组合后，得到对 A 组控制部件和 B 组控制部件的控制命令，并将命令送给这两个部件，再由它们控制完成对数据、状态信息和控制信息的传送。

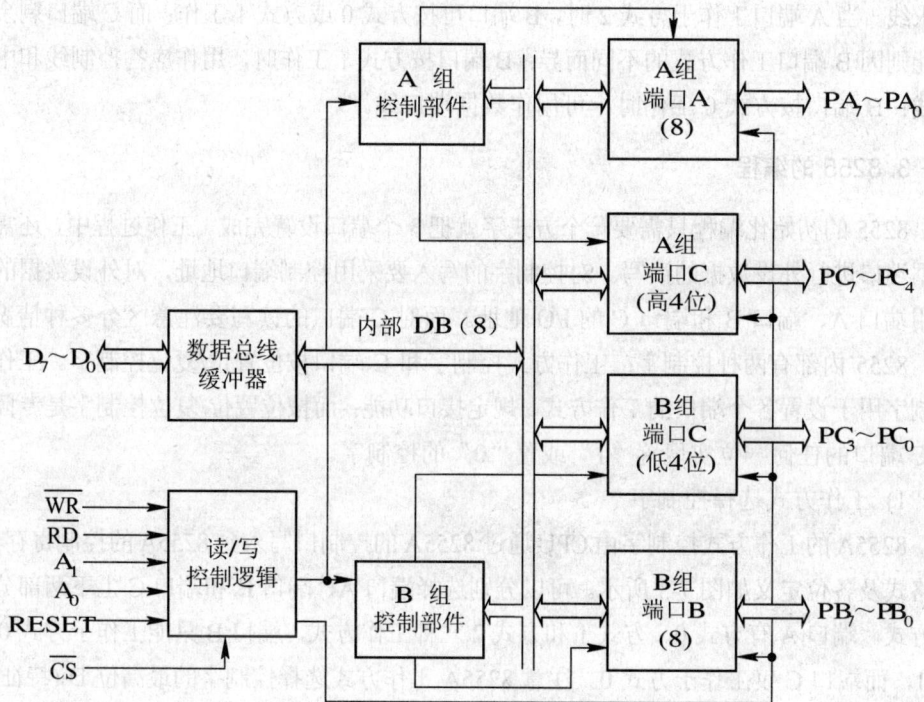

图 7-2　8255 内部结构

2. 8255 的工作方式

8255A 在使用前要先写入一个工作方式控制字，以指定 A、B、C 三个端口各自的工作方式。8255A 共有三种工作方式：

1) 方式 0：基本输入输出方式。

3 个端口均可工作于此方式作为数据输入输出端口。

方式 0 即可实现无条件传送，也可用于查询传送，还可对 C 端口实现按位操作。方式 0 查询传送时，使用 A 或 B 端口作为数据端口，没有固定的应答线，由程序设定 C 端口作为应答的控制和状态信息通道。

需要说明的是：在方式 0 下，端口 A、B 和 C 的输出均有锁存能力，但它们工作在输入时全都没有锁存能力，也就是说外设的数据要一直加在这些接口上，必须保持到被 CPU 读走。

2) 方式 1：选通或应答输入输出方式。

在此方式下，A 端口和 B 端口为输入或输出数据端口，C 端口的某些位固定为 A 和 B 端口的应答控制线和中断请求线，不能用程序加以改变。要注意输入和输出使用的应答控制线有所不同，A 端口做输入口和输出口所引用 C 端口的引脚作为应答控制线和中断请求线并不相同，而 B 端口无论是输入还是输出都是引用 C 端口的 PC_2、PC_1 和 PC_0 作为应答控制线和中断请求线。方式 1 既可用中断方式传送数据，也可用查询方式传送数据。

3) 方式 2：双向输入输出方式。只有 A 端口具有这种方式。方式 2 的功能相当于是方式 1 的输入输出功能的结合。在此方式下，C 端口的 $PC_3 \sim PC_7$ 固定作为应答控制线和中断请求线。当 A 端口工作于方式 2 时，B 端口可按方式 0 或方式 1 工作；而 C 端口剩余线的功能则因 B 端口工作方式的不同而异：B 端口按方式 1 工作时，用作应答控制线和中断请求线；B 端口按方式 0 工作时，可用作数据端口线。

3. 8255 的编程

8255 的初始化编程只需要一个方式字就把 3 个端口设置完成。工作过程中，还需要对数据端口进行外设数据的读写。对控制字的写入要采用控制端口地址，对外设数据的读写利用端口 A、端口 B 和端口 C 的 I/O 地址。而对 C 端口的读写要注意区分多种情况。

8255 内部有两种控制字：工作方式控制字和 C 端口按位置位/复位控制字。工作方式控制字用于设置各个端口的工作方式、规定接口功能；而按位置位/复位控制字是专门用于对 C 端口的任何一位实现置"1"或置"0"的控制字。

1) 工作方式选择控制字

8255A 的工作方式控制字由 CPU 通过 8255A 的控制口写入到 8255A 的控制寄存器中。其格式及各位定义如图 7-3 所示。可以分别选择端口 A、端口 B 和端口 C 上下两部分的工作方式。端口 A 有方式 0、方式 1 和方式 2 三种工作方式，端口 B 只能工作于方式 0 和方式 1，而端口 C 仅工作于方式 0。注意 8255A 工作方式选择控制字的最高位 D_7(特征位)应为 1。

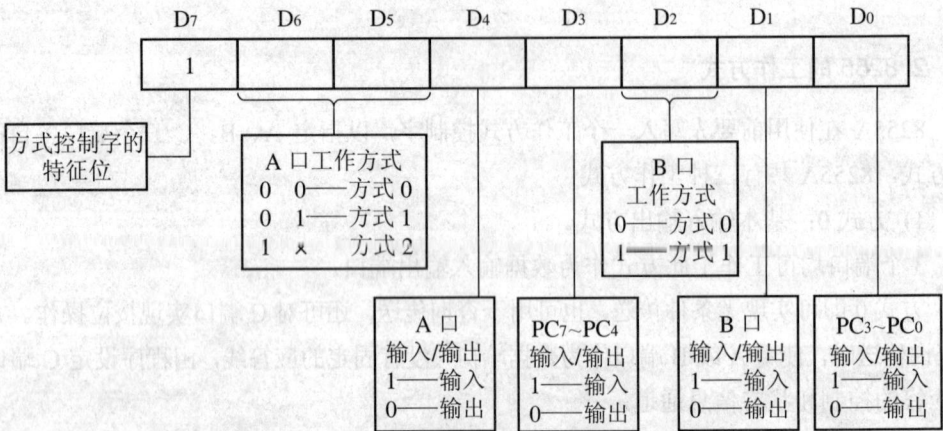

图 7-3 8255 工作方式控制字

2) C 口按位置位/复位控制字

8255A 的 C 口具有位控功能，即端口 C 的 8 位中的任一位都可通过 CPU 向 8255A 的控制寄存器写入一个按位置位/复位控制字来置 1 或清 0，而 C 口中其他位的状态不变。

其格式如图 7-3 所示，注意 8255A 的 C 口按位置位/复位控制字的最高位 D7(特征位)应为 0。

应注意的是，C 口的按位置位/复位控制字必须跟在方式选择控制字之后写入控制字寄存器，即使仅使用该功能，也应先选送一个方式控制字。方式选择控制字只需要写入一次，之后就可多次使用 C 口按位置位/复位控制字对 C 口的某些位进行置 1 或清 0 操作。

下面针对这两种控制字再补充说明几点。

① 设置方式控制字时，A 端口、B 端口作为整体设置，而 C 端口要分成上下两部分分别设置，但 3 个端口的工作方式均由一个控制字规定。

② C 端口按位置位/复位控制字不是送到 C 端口地址，而是送到控制寄存器地址；且一个控制字只能使 C 端口一位置位或复位。

③ 方式控制字和按位置位/复位控制字均写入同一个控制寄存器地址，二者通过最高位 D_7 来区别。$D_7=1$ 为方式控制字，$D_7=0$ 为按位置位/复位控制字。

7.2　重点与难点

重点：

1) 可编程并行接口 8255 的工作方式、端口寻址、初始化及编程应用。

2) 8253 的工作原理、端口寻址、编程方法及具体应用。

难点：

1) 8255 在具体应用时的硬件连接，并行扩展电路的一般设计方法及程序设计技术。

2) 8253 的内部结构、工作方式、端口寻址、编程应用。

7.3　典型例题精解

例 7.1

某系统中，8253 芯片的计数器 0、计数器 1、计数器 2 及控制端口地址分别为 80H、81H、82H、83H。若利用计数器 0 对外部事件计数，其 GATE 接高电平，当计数计满 3000 次，向 CPU 发出中断申请；且利用计数器 1 输出频率为 100Hz 的方波，CLK1=2MHz。试编写 8253 的初始化程序。

解： 根据题意分析，计数器 0 工作在方式 0，计数置 3000 次；计数器 1 工作在方式 3，计数值 n=20000=4E20H 次。

8253 的初始化程序片段如下：

```
MOV  AL, 21H
OUT  83H, AL
MOV  AL, 30H
OUT  80H, AL          ; 给计数器 0 送计数初值
MOV  AL, 76H
OUT  83H, AL          ; 设置计数器 1 的控制字
MOV  AL, 20H
OUT  81H, AL
MOV  AL, 4EH
OUT  81H, AL
```

注意，对每一个计数器，其控制字必须写在它的计数值之前。计数值写入计数器的格式，必须按照控制字的 D_5，D_4 的规定格式来写。

例 7.2

有如下接口原理如图 7-4 所示。要求发光二极管 L0 亮 3s 后就熄灭；L1 在 K1 启动后亮 6s 后就熄灭；L2 亮 2s 灭 2s 交替进行。写出源程序片段(段定义语句可以省略)。

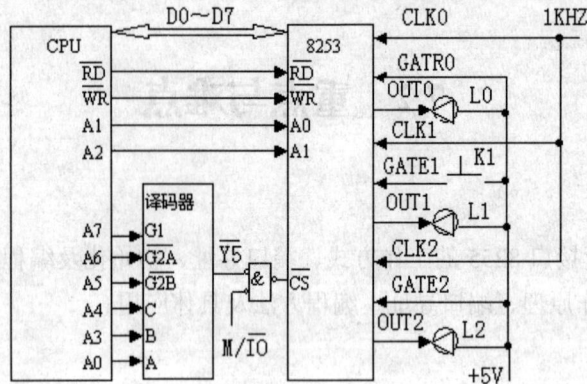

图 7-4 8253 应用

解： 由译码电路分析知，8253 计数器 0、计数器 1、计数器 2 及控制端口的地址分别为 91H，93H，95H，97H。

8253 的计数器 0 应该工作在方式 0，计数初值 N0=3×1000=3000；

计数器 1 应工作在方式 1(门控信号触发)，N1=6×1000=6000；

计数器 2 应工作在方式 3，N2=(2+2)×1000=4000。

根据以上分析，可以编写出 8253 初始化程序片段。

```
; 初始化计数器 0
    MOV  AL, 21H; 00100001B
    OUT  97H, AL
    MOV  AL, 30H
    OUT  91H, AL
; 初始化计数器 1
    MOV  AL, 63H; 01100011B
    OUT  97H, AL
    MOV  AL, 60H
    OUT  93H, AL
; 初始化计数器 2
    MOV  AL, 0A7H; 10100111B
    OUT  97H, AL
    MOV  AL, 40H
    OUT  95H, AL
```

例 7.3

编程将 8253 计数器 0 设置为工作方式 1，计数初值为 5000H；计数器 1 设置为工作方式 2，计数初值为 2010H；计数器 2 设置为工作方式 4，计数初值为 4030H。端口地址为

70H～73H，CPU 为 8088。

解：

(1) 根据题意 8253 的 3 个通道和控制寄存器口地址分别为：

通道 0 70H 通道 1 71H 通道 2 72H 控制寄存器 73H

(2) 计数通道 0：控制字 CW0=00100010B=22H，计数初值 N0=30H，低字节自动置 0

(3) 计数通道 1：控制字 CW1=01110100B=74H，计数初值 N1=2010H

(4) 计数通道 2：控制字 CW2=10111000B=0B8H，计数初值 N2=4030H

参考初始化程序段：

```
; 对通道 0 初始化
    MOV  AL, 22H
    OUT  73H, AL   ; 送通道 0 的方式控制字
    MOV  AL, 50H
    OUT  70H, AL   ; 送通道 0 的计数初值
; 对通道 1 初始化
    MOV  AL, 74H
    OUT  73H, AL   ; 送通道 1 的方式控制字
    MOV  AL, 10H
    OUT  71H, AL   ; 送通道 1 的计数初值低 8 位
    MOV  AL, 20H
    OUT  71H, AL   ; 送通道 1 的计数初值高 8 位
; 对通道 2 初始化
    MOV  AL, 0B8H
    OUT  73H, AL   ; 送通道 2 的方式控制字
    MOV  AX, 4030H
    OUT  72H, AL
    MOV  AL, AH
    OUT  72H, AL
```

例 7.4

试用 8253 输出周期为 100ms 的方波。设系统时钟为 2MHz，口地址为 2E0H～2E3H，CPU 为 8088。

解：根据题意 8253 的 3 个通道和控制寄存器口地址分别为：

通道 0 2E0H 通道 1 2E1H 通道 2 2E2H 控制寄存器 2E3H

计数初值 N=100ms/(1/2MHz)=20*10 000＞65 535，故需要两个计数通道协作完成，设选用通道 0 和通道 1。

通道 0：控制字=00 10 011 1B=27H，+进制数据，计数初值 N0=2000H。

通道 1：控制字=01010110B=56H，+进制数据，计数初值 N1=100。

参考初始化程序段：

```
; 对通道 0 初始化
    MOV  AL, 27H
    MOV  DX, 2E3H
    OUT  DX, AL
    MOV  AL, 20H
```

```
        MOV  DX, 2E0H
        OUT  DX, AL
; 对通道 1 初始化
        MOV  AL, 56H
        MOV  DX, 2E3H
        OUT  DX, AL
        MOV  AL, 100
        MOV  DX, 2E1H
        OUT  DX, AL
```

例 7.5

设某 8088 系统中，8253 占有口地址 70H～73H，其实现产生电子时钟基准(定时时间为 50ms)和产生方波用作扬声器音调控制(频率为 1kHz)，设系统中提供计数频率为 2MHz，试为其编制 8253 的初始化程序。

解：

(1) 根据题意 8253 的 3 个通道和控制寄存器口地址分别为：

通道 0　70H　　　　　通道 1　71H　　　　　通道 2　72H　　　　　控制寄存器　73H

(2) 产生电子时钟基准可采用方式 2，计数初值 N=50ms/(1/2MHz)=100 000＞65 535，故需要两个计数通道协作完成，选用通道 0 和通道 1

通道 0：控制字=00110100B，计数初值 N0=1000。

通道 1：控制字=01010100B，计数初值 N1=100。

(3) 产生方波采用方式 3，计数初值可计算得 N=2000，可选用计数通道 2，控制字=10100111B。

初始化程序段：

```
; 对通道 0 初始化
        MOV  AL, 00110100B
        OUT  73H, AL         ; 送通道 0 的方式控制字
        MOV  AX, 1000
        OUT  70H, AL
        MOV  AL, AH
        OUT  70H, AL         ; 送通道 0 的计数初值
; 对通道 1 初始化
        MOV  AL, 01010100B
        OUT  73H, AL         ; 送通道 1 的方式控制字
        MOV  AL, 100
        OUT  71H, AL         ; 送通道 1 的计数初值
; 对通道 2 初始化
        MOV  AL, 10100111B
        OUT  73H, AL         ; 送通道 2 的方式控制字
        MOV  AL, 20H
        OUT  72H, AL
```

例 7.6

试编制程序使 B 口和 C 口均工作于方式 0 输出方式，并使 PB_5 和 PC_5 输出低电平，其他位的状态不变。设 8255A 的口地址为 7CH～7FH。

解:

(1) 根据题意 8255A 的方式控制字 CW_1=80H。

(2) 使 PB_5 输出低电平而其他位状态不变的方法为: 使原 B 口状态 "与" 11011111B 后,从 B 口输出。

(3) 使 PC_5 输出低电平, 其他位的状态不变的方法有两种:

第一种: 使原 C 口状态 "与" 11011111B 后, 从 C 口输出。

第二种: 通过 C 位控制字使得 PC_5=0, 即 CW_2=00001010B=0AH。

参考程序:

```
MOV   AL, 80H          ; 设置 8255A 的工作方式
OUT   7FH, AL
MOV   AL, PB           ; 设 PB 为原 B 口状态
AND   AL, 11011111B
OUT   7DH, AL          ; 使 PB₅=0, 其他位状态不变
MOV   AL, 0AH
OUT   7FH, AL          ; 使 PC₅=0
```

例 7.7

若 8255 的 A_0 和 CPU 的 A_0 直接相连, 8255 的 A_1 和 CPU 的 A_1 直接相连, 已知 8255 的 C 口地址为 0B2H, 已知 8255 的端口地址是唯一的。

回答以下问题:

(1) 写出 8255 的其他端口地址。

(2) 要使 8255 的 PC_6 置 1, 下面程序是否正确, 若不正确, 则写出正确的程序。

```
MOV   DX, 0B2H
MOV   AL, 00001101B
OUT   DX, AL
```

(3) 若要求 A 口、B 口均工作于方式 0, A 口输入, B 口输出, C 口输出, 编写初始化程序。

解:

(1) 8255 的 A 口地址为 0B0H, B 口地址为 0B1H, 控制口地址为 0B3H。

(2) 不正确

```
MOV   DX, 0B3H
MOV   AL, 00001101B
OUT   DX, AL
```

(3)

```
MOV   DX, 0B3H
MOV   AL, 10010000B
OUT   DX, AL
```

例 7.8

由 8255A 口读入 2 位 BCD 码, 将其位置互换(56→65)后由 B 口输出, 8255 端口地址为 94H~97H, 试编制初始化程序。设 A、B 口都工作于方式 0, C 口输出。

解： 根据题意可写出 8255 的控制字：10010000B。

```
MOV AL, 90H
OUT 97H, AL
IN  AL, 94H
MOV CL, 4
ROL AL, CL
OUT 95H, AL
```

例 7.9

下面是 8255A 初始化程序，根据指令回答：

(1) 说出 8255A 的工作状态；

(2) 后两条指令的作用。设 8255A 的地址为 70H～73H。

```
MOV  AL,0B0H
OUT  73H,AL
MOV  AL,09H
OUT  73H,AL
```

解：

(1) 8255A 的 A 口工作于方式 1 输入方式，B 口和 C 口均工作于方式 0 输出方式。

(2) 后两条指令的作用是设置 PC_4=1。

例 7.10

图 7-5 为 8088 系统中由 8255A 实现开关控制 LED 灯亮灭的接口电路。试问：

(1) 8255A 的口地址是多少？

(2) 试编制程序实现功能，并能在所有开关打开时系统退出。

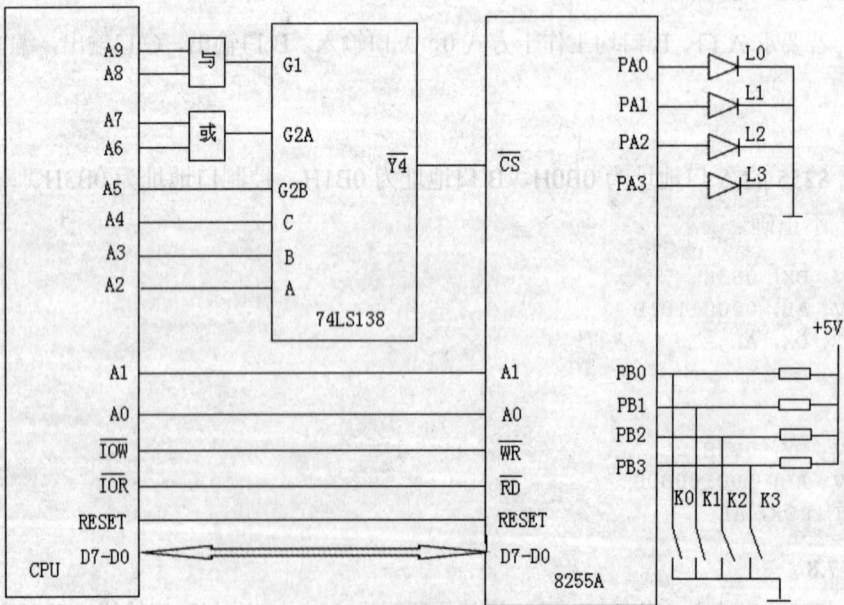

图 7-5　8255 控制 LED 灯

解：

(1) A 口接 LED 灯，工作方式 0 输出方式。B 口接开关，工作方式 0 输入方式。方式控制字为：10000010B。

(2) 读入开关状态到 B 口，取反后从 A 口输出，从而实现开关合上相应灯亮，开关打开相应灯灭。

(3) 当开关全打开时，$PB_0 \sim PB_3$ 均为 1，则系统退出。

(4) 分析图可知，8255 的口地址为 310H～313H。

(5) 程序如下：

```
        CODE SEGMENT
        ASSUME  CS:CODE
START:  MOV AL,82H
        MOV DX,313H
        OUT DX,AL           ；设置工作方式
LP:     MOV DX,311H
        IN  AL,DX           ；读开关状态
        AND AL,0FH          ；屏蔽无效位
        JZ  LP0             ；开关全合上转 LP0
        MOV DX,310H
        NOT AL
        OUT DX,AL           ；开关状态取反后输出控制灯
        JMP LP
LP0:    MOV DX,310H
        NOT AL
        OUT DX,AL
        MOV AH,4CH
        INT 21H             ；系统退出
        CODE ENDS
        END START
```

例 7.11

当数据从 8255A 的端口 C 往数据总线上读出时，8255A 的几个控制信号 CS，A1，A0，RD，WR 分别是什么？

解： 8255A 芯片被选中的条件是 CS=0，对其进行读操作的条件 RD=0，WR=1。A1A0 端口选择信号 00,01,10,11 依次对应 A 口，B 口，C 口，控制端口。

因此，CS=0，RD=0，WR=1，A1 =1，A 0=0

7.4 重要习题与考研题解析

例 7.12

某系统中，8253 芯片的计数器 0，计数器 1，计数器 2 及控制端口地址分别为 0130H，0131H，0132H，0133H。若利用计数器 1 对外部事件计数，其 GATE 接高电平，当计数计满 3200 次，向 CPU 发出中断申请；且利用计数器 2 输出高电平为 0.005s，低电平为 0.005s

交替变换的方波，CLK_2=2MHz。试编写 8253 的初始化程序。

解： 根据题意分析，计数器 1 工作在方式 0，计数置 3200 次；计数器 2 工作在方式 3，计数值 n=20000=4E20H 次。

8253 的初始化程序片段如下：

```
MOV   DX, 0133H
MOV   AL, 61H
OUT   DX, AL
MOV   DX, 0131H
MOV   AL, 32H
OUT   DX, AL
MOV   DX, 0133H
MOV   AL, 0B6H
OUT   DX, AL
MOV   DX, 0132H
MOV   AL, 20H
OUT   DX, AL
MOV   AL, 4EH
OUT   DX, AL
```

例 7.13

(2002，北京航空航天大学)已知图 7-6，要求：

(1) 使用地址总线的 $A_0 \sim A_9$，利用 74LS138(可适当添加逻辑电路)给 8253 编一个 I/O 地址，使当 CPU 输出 I/O 地址为 200H～203H 时，分别选中 8253 的 3 个计数器及控制字寄存器，并使 8253 能正常工作。试在图中画出所有相关连线。

(2) 设 8253 的计数器 0 作为十进制计数器用，其输入计数脉冲频率为 100kHz，要求计数器 0 输出频率为 1 kHz 的方波，试写出设置 8253 工作方式及计数初值的有关指令。

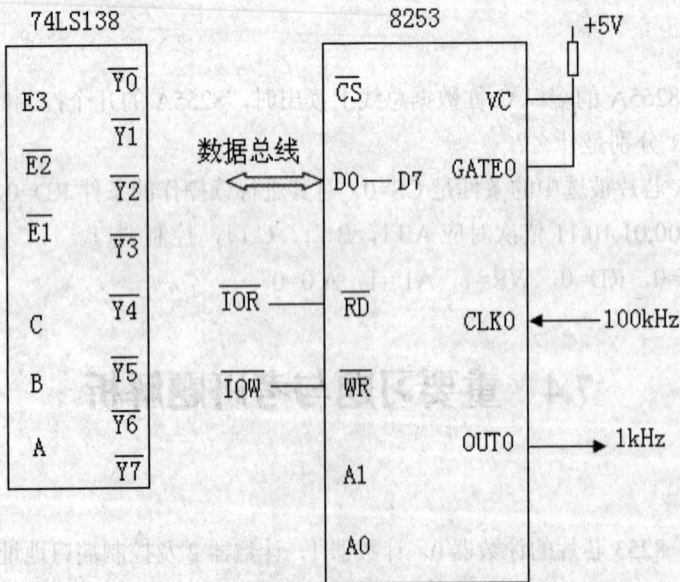

图 7-6　例 7.12 已知的原理图

解答：

(1) 连线图如图 7-7 所示。

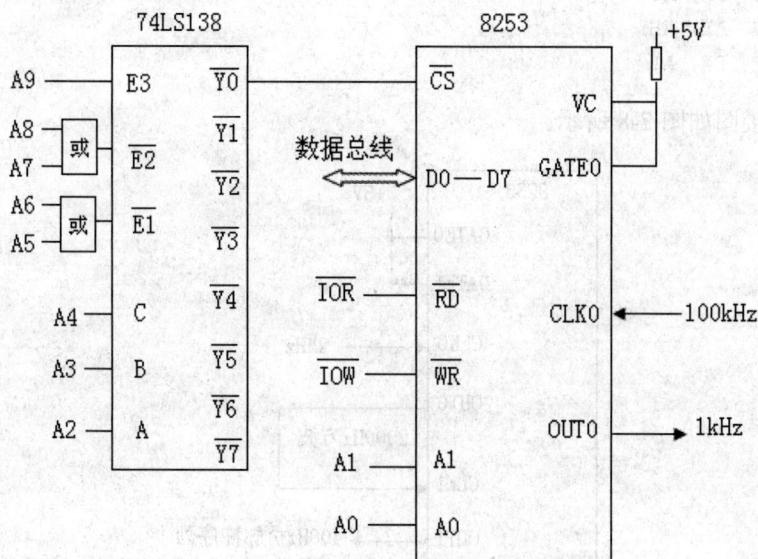

图 7-7 连线图

(2) 初始化程序：

```
MOV  AL, 37H
MOV  DX, 203H
OUT  DX, AL      ；送方式控制字
MOV  AL, 00
MOV  DX, 200H
OUT  DX, AL
MOV  AL, 1
OUT  DX, AL      ；向通道 0 写入计数初值
```

例 7.14

(2002，华东理工大学)设 8253 的通道 0~2 和控制口的地址分别为 300H~303H，定义通道 1 工作在方式 3，CLK_0=2MHz，试编写初始化程序，并画出硬件连接图。要求通道 0 输出 2000Hz 的方波，通道 1 用通道 0 的输出作计数脉冲，输出频率为 400Hz 的序列负脉冲。

解：

通道 0 工作在方式 3，计数初值 1000，控制字 36H

通道 1 工作方式 2，计数初值 5，控制字 54H

初始化程序：

```
；通道 0
    MOV  DX, 303H
    MOV  AL, 36H
    OUT  DX, AL
```

```
MOV  DX, 300H
MOV  AX, 1000
OUT  DX, AL
MOV  AL, AH
OUT  DX, AL
```

硬件连接图如图7-8所示。

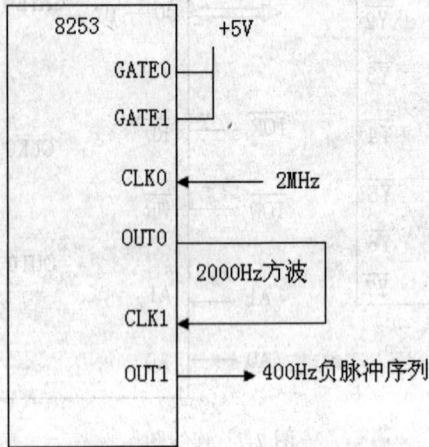

图 7-8 硬件连接图

例 7.15

(2003,华东理工大学) 在某微机中,8253 通道 1 工作于方式 2,用它产生间隔为 15us 的负脉冲信号,该信号作为动态 RAM 定时刷新的信号,计数脉冲输入为 2MHz,试计算出应写入的计数值是多少?并编写初始化程序(设 8253 的计数通道 0、1、2 的地址分别为 40H,41H,42H,控制口地址为 43H)。

解:

通道 1:计数初值 30,控制字 55H

初始化程序:

```
MOV  DX, 43H
MOV  AL, 55H
OUT  DX, AL
MOV  DX, 41H
MOV  AL, 30H
OUT  DX, AL
```

例 7.16

(2004,北京航空航天大学) 已知电路原理图如图 7-9。编写初始化程序,使在 OUT0 端输出图示波形。

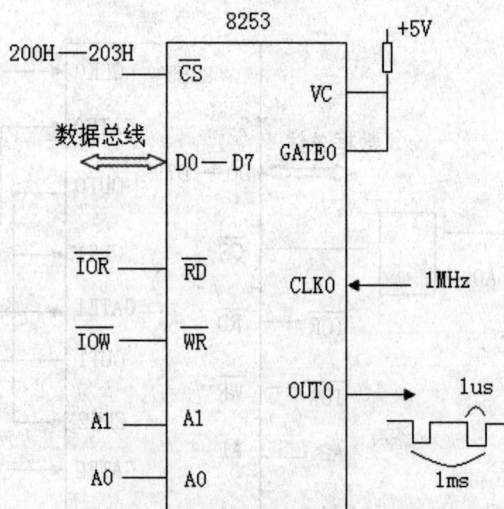

图 7-9 例 7.15 已知的原理图

解：

从输出波形上看，该波形的周期是 1ms，负脉冲宽度是 1us，显然，这是 8253 工作方式 2 下的输出波形。

(1) 计算计数初值和方式控制字

时钟周期=1/CLK0=1/1MHz=1us

计数初值=输出脉冲周期/时钟周期=1ms/1us=1000

方式控制字：35H

(2) 初始化程序：

```
MOV  AL, 35H
MOV  DX, 203H
OUT  DX, AL      ; 送方式控制字
MOV  AX, 1000H
MOV  DX, 200H
OUT  DX, AL
MOV  AL, AH
OUT  DX, AL      ; 向通道 0 写入计数初值
```

例 7.17

(2002，西北工业大学) 有如图 7-10 所示的接口简化图，要使发光二极管点亮 2 秒，熄灭 2 秒，但该过程共进行 20 秒即停止，编写出程序(伪指令可省略)。

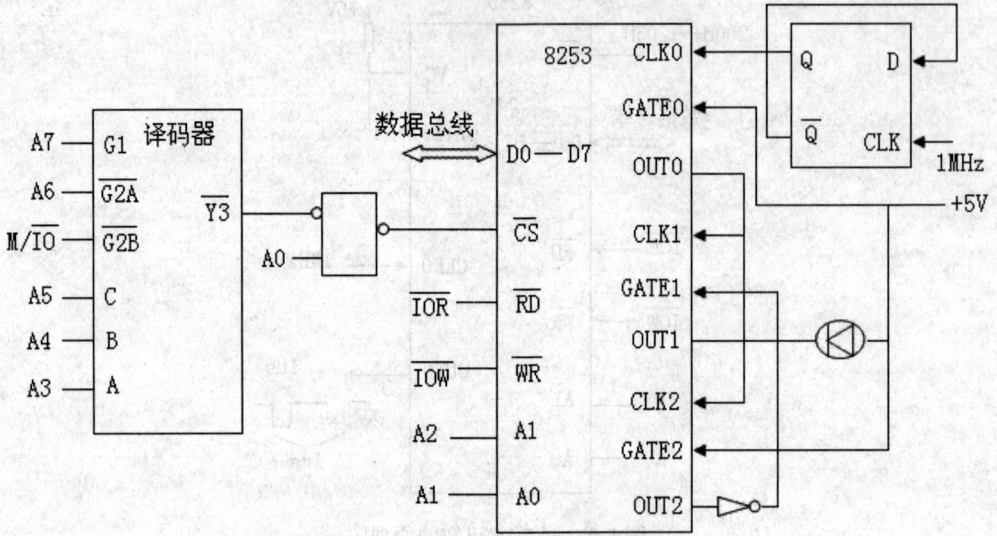

图 7-10 例 7.16 的原理图

解：

(1) 8253 口地址

通道 0：98H   通道 0：9AH   通道 0：9CH   通道 0：9EH

(2) 计数初值和控制字

通道 0：方式 2

输入频率=1MHz/2=500kHz，设输出频率=100Hz，所以：

通道 0 计数初值=500kHz/100Hz=5000

控制字   35H

通道 2：方式 0

输入频率=100Hz，则时钟周期=1/100Hz=0.01s，而定时时间 20s

所以，通道 2 计数初值=20s/0.01s=2000

控制字   B1H

通道 1：方式 3

输入频率=100Hz，则时钟周期=1/100Hz=0.01s，而定时时间=2+2=4s

所以，通道 1 计数初值=4s/0.01s=400

控制字   77H

(3) 程序：

```
;通道 0 初始化
    MOV  AL, 35H
    OUT  9EH, AL
    MOV  AL, 00H
    OUT  98H, AL
    MOV  AL, 50H
    OUT  98H, AL
```

```
; 通道 1 初始化
    MOV  AL, 77H
    OUT  9EH, AL
    MOV  AL, 00H
    OUT  9AH, AL
    MOV  AL, 4H
    OUT  9AH, AL
; 通道 2 初始化
    MOV  AL, 0B1H
    OUT  9EH, AL
    MOV  AL, 00H
    OUT  9CH, AL
    MOV  AL, 20H
    OUT  9CH, AL
```

例 7.18

利用 8255 作为 CPU 与打印机的接口，硬件如图 7-11 所示，B 口工作于方式 0 输出。若要打印字符 'A'，试编写此接口程序(STB 为选通信号，BUSY 为忙信号)。未用的地址线置 0。

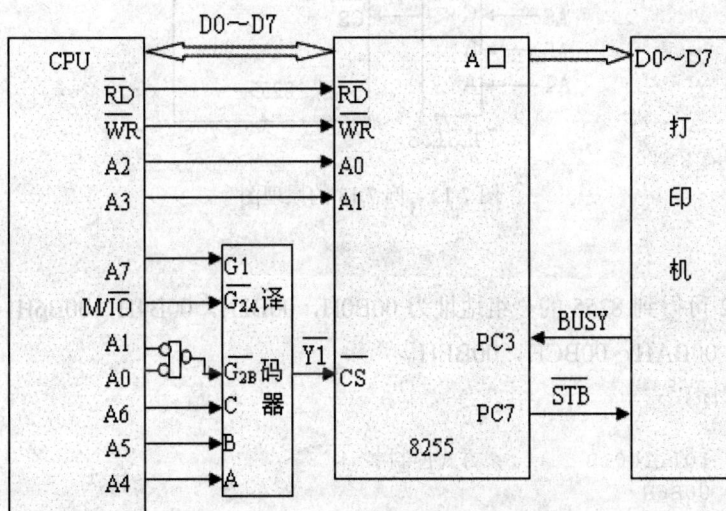

图 7-11 8255 与打印机的连接图

解： 分析接口图可知 A 口，B 口，C 口，控制口地址分别为 90H，94H，98H，9CH。接口程序如下：

```
MOV AL, 81H  ; 10000001B
    OUT  9CH, AL
W:  IN  AL, 98H
    TEST  AL, 08H
    JNZ  W
    MOV  AL, 'A'
    OUT  90H, AL
    MOV  AL, 0EH
    OUT  9CH, AL
```

```
        INC AL
        OUT  9CH, AL
```

例 7.19

某微机控制系统中扩展一片 8255 作为并行口，如图 7-12 所示。其中 A 口为方式 1 输入，以中断方式与 CPU 交换数据，中断类型号为 0FH；B 口为方式 0 输出，C 口的普通 I/O 线作为输入。请编写 8255 的初始化程序，并设置 A 口的中断矢量。

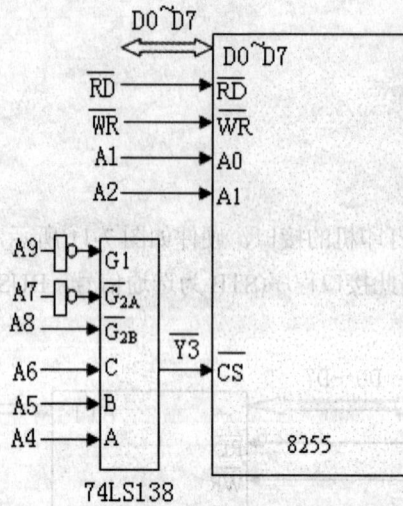

图 7-12　例 7.18 的原理图

解：

从图 7-12 可得到 8255 的一组地址为 00B0H，00B2H，00B4H，00B6H，或另一组地址为 00B8H，00BAH，00BCH，00BEH。

初始化程序：

```
MOV  AL, 10111001B      ; 方式控制字
MOV  DX, 00B6H
OUT  DX, AL
MOV  AL, 00001001B      ; PC4 置 1，开发 A 口的输入中断请求
OUT  DX, AL             ; 中断矢量设置程序
MOV  AX, 0
MOV  DS, AX
MOV  DI, 0FH×4          ; 送中断向量表的偏移地址
MOV  AX, OFFSET  SERV   ; SERV 为中断服务程序
MOV  [DI], AX           ; 将服务程序的入口地址 IP 存入
INC  DI
INC  DI
MOV  AX, SEG  SERV;
MOV  [DI], AX           ; 将服务程序的入口地址 CS 存入
```

例 7.20

(西南交通大学) 8255A 有 3 种工作方式，其中(**双向传输方式**)仅限于 A 口使用。

分析：考查 8255A 的 PA 口的工作方式。

8255A 有 3 种基本的工作方式：方式 0(基本输入/输出方式)、方式 1(选通的输入/输出方式)、方式 2(双向传输方式)，其中 A 口可以工作于方式 0、方式 1 和方式 2，B 口和 C 口只能工作于方式 0 和方式 1，3 个端口在哪一种方式下工作，可以通过软件编程来实现。

例 7.21

(沈阳航空工业学院 2006 年) DAC0832 有 3 种工作方式，分别为(**直通方式**)、(**单缓冲方式**)、(**双缓冲方式**)。

分析：考查 DAC0832 的工作方式。

例 7.22

(东北大学 2004 年) 8255A 芯片有哪 3 种基本工作方式？编写一初始化程序，使 8255A 的 PC3 端输出一个负跳变。如果要求 PC5 端输出一个负脉冲，该如何初始化程序？设：此芯片的片选端有效时，$A_7 \sim A_2$ 为 110000。

解：8255A 的 3 种工作方式如下：

方式 0，是一种基本输入或输出方式。这种方式通常不用固定的联络信号，不使用中断，在这种工作方式下，3 个通道中的每一个都可以由程序选定作为输入或输出。

方式 1，是一种选通的工作方式。通常都要使用联络线(输出可以不用，输入必须用)，并且都可以使用中断。因此，方式 1 一般作为中断驱动的联络式输入/输出。这种方式下，通道 A 和 B 仍作为数据的输入/输出通道，同时规定了通道 C 的某些位作为控制或状态信息位。

方式 2，也称为双向传输方式。外设可以在 8 位数据线上，既能向 CPU 发送也能从 CPU 接收数据。如果有相应的控制信号配合，程序既可以查询方式工作，也可以用中断方式工作。这种工作方式只适用于通道 A，通道 C 的 PC_7 到 PC_3 的 5 个位自动配合通道 A 提供控制。

初始化程序：根据片选端有效时的 $A_7 \sim A_2$ 的值可知，控制字的地址为 303H。

1) 使 PC3 输出一个负跳变的初始化程序为(使 PC3 输出先为 1 再为 0)：

```
MOV AL, 00000111B
MOV DX, 303H
OUT DX, AL
MOV AL, 00000110B
OUT DX, AL
```

2) 使 PC_5 输出一个负脉冲的初始化程序为(使 PC_5 输出先为 1 再为 0，延时后再为 1)：

```
MOV AL, 00001011B
MOV DX, 303H
OUT DX, AL
MOV AL, 00001010B
```

```
          OUT DX, AL
          MOV CX, 2801
WAIT:     LOOP WAIT
          MOV AL,00001011B
          OUT DX,AL
```

例 7.23

对 8255A 的 C 口执行按位置位/复位操作时，写入的端口地址是(　　)。(西安交通大学，2003 年考研试题)

A. 端口 A　　B. 端口 B　　C. 端口 C　　D. 控制端口

解： 8255A 有 2 类控制字，一类控制字是定义各端口的工作方式，称为方式控字；另一类控制字实现对 C 端口的某一位进行置位/复位操作，称为置位复位字，这类控制字都写到控制端口，它们是通过 D7 来区分的，D7=0 标志该字为置位/复位字，D7 =1 标志该字为方式控制字。

答案： D。

例 7.24

8255A 的引脚 CS，RD，WR 信号电平分别为_____时，可完成"数据总线到 8255A 数据寄存器"的操作。(华东理工大学，2003 年考研试题)

A. 1、1、0　　　B. 0、1、0　　　C. 0、0、1　　　D. 1、0、1

解： 要完成"数据总线到数据寄存器"的操作，首先要选中本 8255A 芯片，所以 CS=0，其次要完成对 8255 的写操作，写信号应有效，即 WR=0。读信号应无效，即 RD=1。

答案： B。

7.5　习题及参考答案

7.5.1　习题

一、选择题

1. 8253 为可编程计数器，包含有(　　)计数通道。

　　A. 三个 8 位　　　　B. 四个 8 位　　　　C. 三个 16 位　　　　D. 四个 16 位

2. 8253 为可编程定时/计数器，每个计数器具有(　　)种工作方式。

　　A. 3　　　　　　　B. 4　　　　　　　C. 5　　　　　　　D. 6

3. 8253 为可编程定时/计数器，具有(　　)种触发启动计数的方式。

　　A. 1　　　　　　　B. 2　　　　　　　C. 3　　　　　　　D. 4

4. 8253 只采用软件触发启动计数的工作方式为(　　)。

　　A. 方式 0 和方式 1　　　　　　B. 方式 0 和方式 2

C. 方式 0 和方式 4   D. 方式 0 和方式 5

5. 8253 只采用硬件触发启动计数的工作方式为(   )。

    A. 方式 1 和方式 2   B. 方式 2 和方式 4

    C. 方式 1 和方式 5   D. 方式 3 和方式 5

6. 8253 可以采用软件或硬件触发启动计数的工作方式为(   )。

    A. 方式 0 和方式 1   B. 方式 2 和方式 3

    C. 方式 4 和方式 5   D. 方式 0 和方式 5

7. 8253 能够自动循环计数的工作方式为(   )。

    A. 方式 0 和方式 1   B. 方式 2 和方式 3

    C. 方式 0 和方式 5   D. 方式 4 和方式 5

8. 可编程定时/计数器 8253 占有(   )个口地址。

    A. 1   B. 2   C. 3   D. 4

9. 当 8253 控制字设置为 74H 时，CPU 将向 8253(   )初值。

    A. 一次写入 8 位   B. 一次写入 16 位

    C. 先写入低 8 位再写入高 8 位   D. 上述三种情况均不对

10. 8253 能够通过门控信号 GATE=H 产生连续波形的方式有(   )。

    A. 方式 1 和方式 2   B. 方式 2 和方式 3

    C. 方式 4 和方式 5   D. 方式 0 和方式 5

11. 8253 实现定时，若计数脉冲为 100Hz，则定时 1s 的计数初值应为(   )。

    A. 100   B. 1000   C. 10000   D. 100000

12. 若使 8253 的计数器 2 发出 1kHz 的方波，则输入时钟周期为 2MHz，其控制字应为(   )。

    A. 36H   B. 76H   C. B6H   D. 56H

13. (2001，西安交通大学)当 Intel 8253 可编程定时/计数器工作在方式 0，在初始化编程时，一旦写入控制字后，(   )。

    A. 输出信号端 OUT 变为高电平   B. 输出信号端 OUT 变为低电平

    C. 输出信号保持原来的电位值   D. 立即开始计数

14. (2003，西安交通大学)定时/计数器 8253 无论工作在哪种方式下，在初始化编程时，写入控制字后，输出端 OUT 便(   )。

    A. 变为高电平   B. 变为低电平   C. 变为相应的高电平或低电平

    D. 保持原状态不变，直到结束结束

15. (2003，重庆大学)若 8253 的通道计数频率为 1MHz，每个通道的最大定时时间为(   )。

    A. 32.64ms   B. 97.92ms   C. 48.64ms   D. 65.536ms

16. 8255A 与 CPU 间的数据总线为(   )数据总线。

    A. 4 位   B. 8 位   C. 16 位   D. 32 位

17. 8255A 每个端口与外设间的数据线为(   )

A. 8 位　　　　B. 16 位　　　　C. 24 位　　　　D. 32 位

18. 由( )引脚的连接状态，可以确定 8255 的端口地址。

　　A. /RD，/CS　B. /WR，A₀　C. A₀，A₁，/WR　D. A₀，A₁，/CS

19. 8255 的控制线为/CS=0、/RD=0、A0=0、A1=0 时，完成的工作是( )。

　　A. 将 A 通道数据读入　　　　B. 将 B 通道数据读入

　　C. 将 C 通道数据读入　　　　D. 将控制字寄存器数据读入

20. 下列数据中，( )有可能为 8255A 的方式选择控制字。

　　A. 00H　　　　B. 54H　　　　C. 7AH　　　　D. 90H

21. 8255A 工作在方式 1 输入状态下，可以通过信号( )知道外设的输入数据已准备好。

　　A. READY　　　B. IBF　　　C. /STB　　　D. INTR

22. 8255A 的 PA 口工作在方式 2，PB 口工作在方式 1 时，其 PC 端口( )。

　　A. 用作两个 4 位 I/O 端口　　　　B. 部分引脚做联络，部分引脚做 I/O 线

　　C. 做 8 位 I/O 端口，引脚都为 I/O 线　D. 全部引脚均做联络信号

23. 如果 8255A 的 PA 口工作于方式 2，PB 口可工作于哪种工作方式( )。

　　A. 方式 0　　　B. 方式 1　　　C. 方式 2　　　D. 方式 0 或方式 1

24. 采用 8255A 的 PA 口输出控制一个七段 LED 显示器，8255A 的 PA 口应工作于方式( )。

　　A. 方式 0　　　B. 方式 1　　　C. 方式 2　　　D. 任何一种方式

25. 当 8255A 的 PA 口工作在方式 1 的输入时，对 PC4 置位，其作用是( )。

　　A. 屏蔽输入中断　　　B. 禁止输入　　　C. 允许输入　　　D. 开放输入中断

26. 8255A 的方式选择控制字的正确值为( )。

　　A. 30H　　　　B. 70H　　　C. 69H　　　　D. A8H

27. 8255A 的 C 口按位置位、复位字的正确值为( )。

　　A. 80H　　　　B. 90H　　　C. A8H　　　　D. 00H

28. 8255PA 口工作在方式 1 时，其 PC 端口( )。

　　A. 用作两个 4 位 I/O 端口　　　　B. 部分引脚做联络，部分引脚做 I/O

　　C. 全部引脚均做联络信号　　　　D. 作 8 位 I/O 端口，引脚都为 I/O 线

29. 8255A 的工作方式设置为方式 2，则表示( )。

　　A. 仅 PA 口用于双向传送　　　　B. 仅 PB 口用于双向传送

　　C. PA 口和 PB 口都用于双向传送　　D. PA 口和 PB 口都不用于双向传送

30. 设 8255A 的 4 个端口地址分别为 90H，91H，92H，93H，8255A 设置 C 口按位置位/复位字时，写入的端口地址是( )。

　　A. 90H　　　　B. 91H　　　C. 92H　　　　D. 93H

31. 并行接口芯片 8255A 的端口 A 设定为双向方式，用作键盘/打印机接口，则打印机发出的允许对它送数据的信号应接到 8255A 的引脚( )。

　　A. $\overline{OBF}$　　　B. $\overline{ACK}$　　　C. $\overline{IBF}$　　　D. $\overline{STB}$

32. (浙江工业大学 2005 年)8255A 芯片的 PA 口工作在方式 2,PB 口工作在方式 1 时,其 PC 端口( )。

    A. 用于两个 4 位 I/O 端口   B. 部分引脚作为联络,部分引脚作为 I/O 引线

    C. 全部引脚均作为联络信号   D. 作为 8 位 I/O 端口,引脚都为 I/O 引线

33. (长安大学 2005 年)8255A 中既可以作为数据输入、输出端口,又可提供控制信息、状态信号的端口是( )。

    A. A 口   B. B 口   C. C 口   D. 以上 3 个端口均可以

34. 使用 8253 的某个计数器对外部事件进行计数,该计数器应工作在( )。

    A. 方式 0   B. 方式 1   C. 方式 2   D. 方式 3

35. 若 n 为计数初值,8253 的哪种工作方式能够产生(输出)宽度为 n 个时钟脉冲周期的负脉冲( )。

    A. 方式 0   B. 方式 1   C. 方式 2   D. 方式 3

36. 8253 计数器的最大初值是( )。

    A. 10000H   B. FFFFH   C. 0000H   D. 65536

37. 用软件启动 8253 的 OUT 端输出一个宽度为一个 CLK 周期的负脉冲,对应的工作方式为( )。

    A. 方式 5   B. 方式 4   C. 方式 1   D. 方式 0

二、判断题

1. 8253 为可编程定时/计数器,具有 3 个计数通道,每个计数通道具有 6 种工作方式。

2. 8253 既可以做计数器也可以做定时器,本质上是计数器,定时器是通过对固定频率的脉冲计数而实现的。

3. 8253 的每种工作方式都具有硬件触发启动和软件触发启动两种启动方式。

4. 对 8253 初始化就是向其控制寄存器写入方式控制字和计数初值。

5. 8253 具有 3 个 16 位计数通道,初始化设置时可以向计数通道 1 次写入 16 位计数初值。

6. 某系统为 8253 的计数器 0~2 和控制字分配的地址分别为 87H、86H、85H、84H。

7. 8253 的十进制计数方式比二进制计数方式的最大计数范围小。

8. 称为计数器也好,称为定时器也好,其实它们都是采用计数电路实现的。

9. (2003,西南交通大学)8253 计数/定时器中有 3 个独立的 16 位计数器,可分别按加或减计数方式工作。

10. (2002,西南交通大学)8253 可编程定时/计数器工作在方式 0 计数过程中,当 GATE=0 时,不影响当前的计数过程。

11. (2002,重庆大学)8253 PIT 工作方式 2 和方式 3 的相同之处是都能产生周期性信号输出。

12. (2004,重庆大学)如果 8253 通道 0 的时钟输入频率为 100kHz,那么这个通道的最大定时时间可达 1s。

13. 8255A 的 2 个方式控制字和 C 口按位置位/复位控制字均写入控制寄存器。

14. 8255A 具有 3 个并行接口均拥有 3 种工作方式。

15. 当 8255A 的 A 口和 B 口均工作在方式 0 时，C 口的所有位均可用。

16. 当 8255A 的 A 口和 B 口均工作在方式 1 时，C 口的所有位均可用。

17. 若 8255A 的 A 端口工作于方式 2，则 B 端口只能工作方式 0。

18. 3AH 可能是 8255A 的方式控制字。

19. 若 8255A 的 A 端口工作于方式 2，其方式控制字可以为 FFH。

三、填空题

1. 在对 8253 初始化时，需要向(   )写入方式控制字，向(   )写入计数初值。

2. 若 8253 的某一计数器用于输出方波，该计数器应工作在(   )，若该计数器的输入频率为 1MHz，输出方波频率为 1kHz，则计数初值应设为(   )。

3. 8253 有(   )个(   )位计数器通道，每个计数器有(   )种工作方式可供选择。

4. 假设某 8253 芯片的 CLK0 接 1.5MHz 的时钟，欲使 OUT0 产生频率为 100kHz 的方波信号，则 8253 的计数器 0 应选用工作方式(   )，计数初值为(   )。

5. (2004，西南交通大学)8253 包括(   )个独立的，但结构相同的计数电路，共占(   )个 I/O 地址，并由(   )选择。

6. (1999，西安交通大学)在 8253 中通过对其中一个(   )的编程设定和控制工作方式，其端口地址是当 A1A0=(   )时的地址。

7. (2003，西安交通大学)设定定时器/计数器 8253 的 CLK1 端输入时钟信号的频率为 2.5MHz，要求在 OUT1 端产生频率为 1kHz 的方波，则 8253 的计数器 1 应工作于方式(   )，且送入计数器 1 的计数值为(   )。

8. (2001，上海交通大学)某系统中，8253 所使用的计数脉冲频率为 0.5 MHz，若给 8253 的计数器预置的初值 N=500，则当计数器计到数值 0 时，定时时间 T=(   )。

9. (2002，上海交通大学)在 8086 系统中，8253 的通道 0 工作于方式 3(   )，所用的时钟脉冲频率为 2 MHz，要求输出频率为 5kHz，其时间常数为(   )；通道 1 工作于方式 1，要求产生宽度为 500us 的单脉冲，应取时间常数(   )。

10. (2004，华东理工大学)8253 芯片包含有(   )个独立的计数通道，它有(   )种工作方式，若输入时钟 CLK1=1MHz，计数初值为 500，BCD 码计数方式，OUT1 输出为方波，则初始化时该通道的控制字应为(   )。

11. 8255A 为(   )芯片，占有(   )个口地址。包含有(   )个并行端口，每个通道均为(   )位。

12. 8255A 的 A 口具有(   )种工作方式，B 口具有(   )种工作方式，C 口具有(   )种工作方式。

13. 8255A 的 A 口工作在方式 1 输出方式，若采用中断方式传输数据，需要将 8255A 的中断允许触发器 INTEA 置 1(即 PC6=1)，C 口位控制字应为(   )。

14. 8255A 可允许中断请求的工作方式有(   )和(   )。

15. 8255A 有 3 个并行端口 PA，PB 和 PC，通常 PC 口用作(　　)端口。

16. 8255A 工作在方式 1 的输入状态时，通过信号(　　)。表明端口已经准备好了，向 CPU 输入的数据。

四、应用题

1. 利用 8253 的 1 # 计数器周期性地每隔 10ms 产生一次中断，已知 CLK 频率为 2MHz。试选择工作方式，并编写出相应的初始化程序。(设 8253 的地址为 80H~83H)

2. 用 8253 产生各种定时波形。电路连接图如图 7-13 所示。

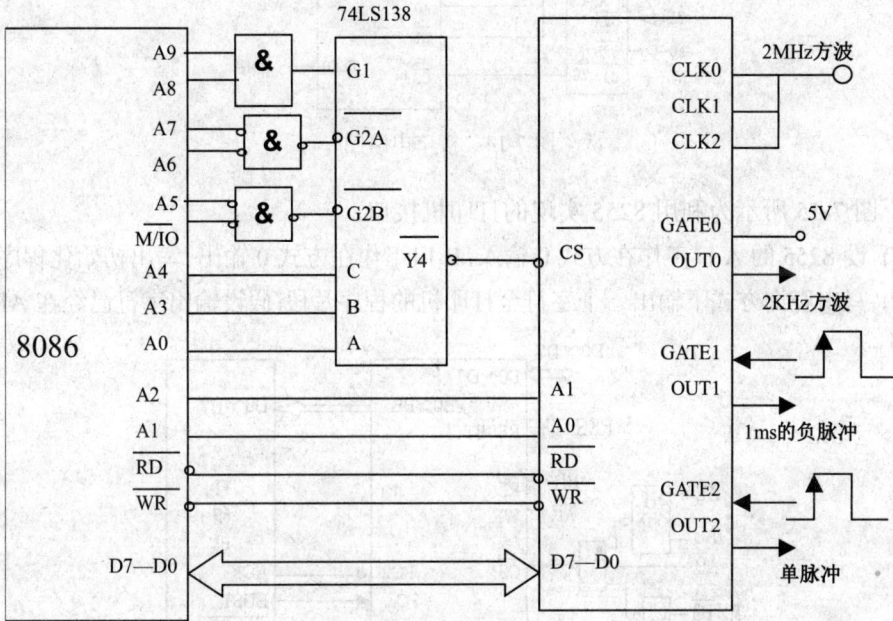

图 7-13　电路连接图

要求：

(1) 通道 0 输出频率为 2kHz 的方波；

(2) 通道 1 产生宽度为 1ms 的负脉冲；

(3) 通道 2 以硬件方式触发，输出单脉冲时常为 26。

3. 图 7-14 为某接口电路实现两个发光二极管交替亮，切换周期为 1ms。当开关闭合时系统自动退出。

(1) 8255A 和 8253 的口地址分别为多少？

(2) 8253 的初始化程序。

(3) 8255A 的初始化程序。

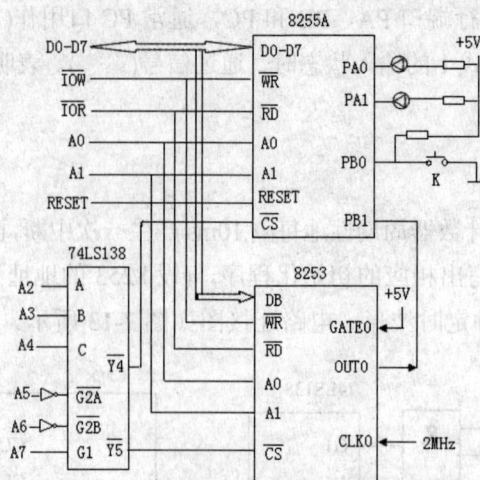

图 7-14　接口电路图

4. 图 7-15 所示为利用 8255 实现的打印机接口。

(1) 设 8255 的 A 口工作在方式 0 输入，B 口工作在方式 0 输出。写出初始化程序片段。

(2) 写出查询方式下输出一个字符至打印机的程序片段(假设输出字符已经在 AL 中)。

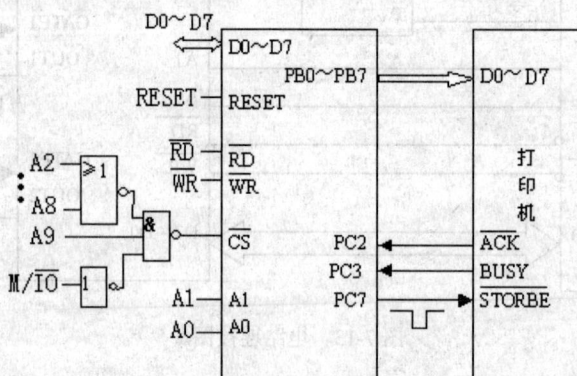

图 7-15　8255 与打印机连接图

5. 8255A 与打印机的连接如图 7-16 所示，设置 8255A 工作在方式 0 下，实现 CPU 与打印机之间的数据传送。设 8255A 的控制端口地址为 43H。试求：

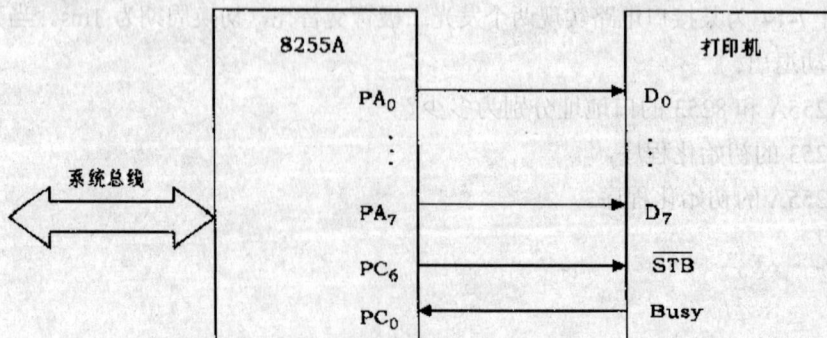

图 7-16　连接图

① 编写 8255 的初始化程序；

② 编写程序段将存于 BL 中的字符送给打印机打印。

6. 某微机控制系统采用 8253 每隔一分钟产生一次定时中断请求信号。如图 7-17 所示，采用两个计数器串联的方法实现定时控制。设 IRQ2 的中断类型号为 0AH，中断服务程序的入口地址为 INTR2，8253 的端口地址为 50H~53H，试编制 8253 的初始化程序，并把中断服务程序的入口地址送入中断向量表中。

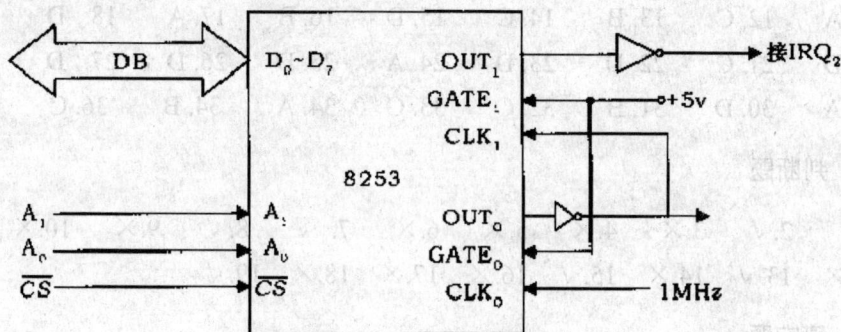

图 7-17 8253 产生定时中断信号

7. 已知电路原理图如图 7-18 所示，编写初始化程序，使在 OUT0 端输出图示波形图。

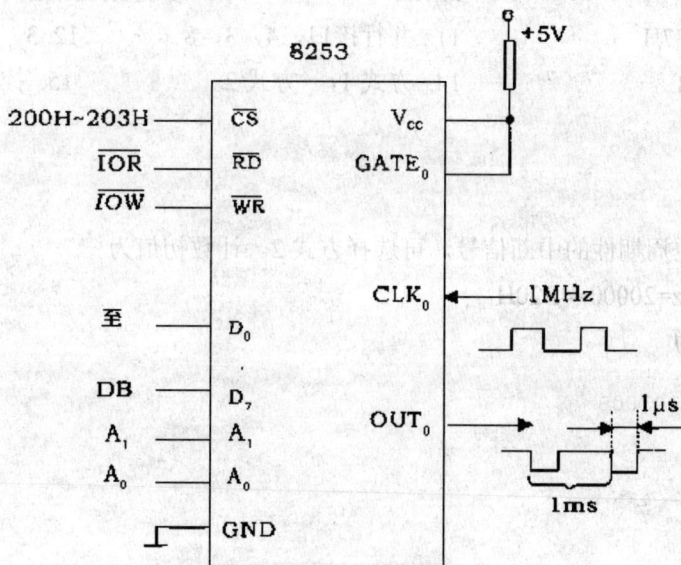

图 7-18 连线图

8. 欲使用 8253 的计数通道产生周期为 1ms 的脉冲序列，试编写初始化程序。设 8253 的 CLK0 为 4MHz、端口地址为 40H~43H。

9. 用 8253 组成一个实时时钟系统，通道 0 作为秒信号产生器，通道 1 和通道 2 分别用作分和时的计时。设 8253 的端口地址为 20H~23H，试求：

(1) 画出硬件电路图。

(2) 编写 8253 的初始化程序。

7.5.2　参考答案

一、选择题

　1. C　　2. D　　3. B　　4. C　　5. C　　6. B　　7. B　　8. D　　9. C　　10. B
11. A　　12. C　　13. B　　14. C　　15. D　　16. B　　17. A　　18. D　　19. A
20. D　　21. C　　22. D　　23. D　　24. A　　25. D　　26. D　　27. D　　28. B
29. A　　30. D　　31. B　　32. C　　33. C　　34. A　　34. B　　36. C　　37. B

二、判断题

1. √　　2. √　　3. ×　　4. ×　　5. ×　　6. ×　　7. √　　8. √　　9. ×　　10. ×　　11. √
12. ×　　13. √　　14. ×　　15. √　　16. ×　　17. ×　　18. ×　　19. √

三、填空题

1. 控制寄存器，计数通道　　　2. 方式3，1000　　　　　3. 3，16，6

4. 3，15　　　　　5. 3，4，/CS、A_1 和 A_0　　　6. 控制口，11B

7. 3，2500　　　　8. 1ms　　　　　9. 方波发生器，400，1000

10. 3，67H，77H　　11. 并行接口，4，3，8　　12. 3，2，1

13. 00001101B　　　14. 方式1，　方式2　　　　15. 控制和状态

16. IBF

四、应用题

1. 解：要产生周期性的中断信号，可选择方式2。计数初值为

n=10ms×2MHz=20000=4E20H

初始化程序为

```
MOV  AL, 01110100B
OUT  83H, AL
MOV  AL, 20H
OUT  81H, AL
MOV  AL, 4EH
OUT  81H, AL
```

2. 解：由图可知：

端口地址 310H，312H，314H，316H，3 通道所用时钟脉冲频率为 2MHz。

分析：通道 0 工作于方式 3，时间常数 N0=2MHz/2kHz=1000；

通道 1 工作于方式 1，时间常数 N1=2000；

通道 2 工作于方式 5，时间常数 N2=26=0026H(BCD)。

初始化编程：

```
; 通道 0 初始化程序
MOV    DX, 316H
MOV    AL, 00100111B
OUT    DX, AL
MOV    DX, 310H
MOV    AL, 10H
OUT    DX, AL
; 通道 1 初始化程序
MOV    DX, 316H
MOV    AL, 01100011B
OUT    DX, AL
MOV    DX, 312H
MOV    AL, 20H
OUT    DX, AL
; 通道 2 初始化程序
MOV    DX, 316H
MOV    AL, 10011011B
OUT    DX, AL
MOV    DX, 314H
MOV    AL, 26H
OUT    DX, AL
```

3. 解：

(1) 8253 的端口地址为 F4H～F7H，8255A 的端口地址为 F0H～F3H。

(2) 8253 的初始化程序：

```
MOV  AL,27H
OUT  0F7H,AL
MOV  AL,40H
OUT  0F4H,AL
```

(3) 8255 的初始化程序：

```
      MOV  AL,82H
      OUT  0F3H,AL
AGAIN:IN AL,0F1H
      TEST AL,04H
      JZ STOP
      OUT  0F0H,AL
      JMP AGAIN
 STOP:HLT
```

4. 解： 根据接口图可知 8255 的地址为 200H～203H。

(1) 8255 的初始化程序为

```
      MOV DX, 203H
      MOV AL, 10010001B
      OUT DX, AL
```

(2) 打印控制程序为

```
      PUSH  AX
```

```
        MOV  DX, 202H
WAIT:   IN   AL, DX
        TEST AL, 08H
        JNZ  WAIT
        MOV  DX, 201H
        POP  AX
        OUT  DX, AL
        MOV  DX, 203H
        MOV  AL, 0EH
        OUT  DX, AL
        MOV  AL, 0FH
        OUT  DX, AL
```

5. 解：

分析：由于打印机的工作状态是随机变化的，只能采用查询传送方式或中断传送方式与打印机交换数据。根据图 5-7 所知，要求 8255A 的 A 口工作在方式 0，采用查询方式，用 C 口的 PC6 作为打印机的输出选通信号、PC0 作为打印机的工作状态输入信号。

答：①初始化程序

```
MOV  AL,  10000001B
OUT  43H,  AL
MOV  AL,   00001101B;STB=1,  Set PC6=1
OUT  43H,  AL
```

②将 BL 中的字符送给打印机：

```
AGAIN:  IN    AL,   42H
        TEST  AL,   01H
        JNZ   AGAIN
        MOV   AL,   BL
        OUT   40H,  AL
        MOV   AL,   00001100B;STB=0   PC6=0
        OUT   43H,  AL
        MOV   AL,   00001101B;STB=1   PC6=1
        OUT   43H,  AL
        HLT
```

6. 解：

分析:因 Tclk0=1/1M=1us。OUT0 无法输出 1 分钟的定时信号，为此对 CLK0 输入 1MHz 进行几分频，将计数器 0 与计数器 1 串联，OUT0 输出信号作为 CLK1 输入时钟。故有:n0 ×n1=60s/1us=$6×10^7$，取 n0=10000，n1=6000。

计数器 0 方式控制字为 00110100B

计数器 1 方式控制字为 01110110B

答：

```
MOV  AI,   00110100B  ;    计数器 0 初始化
```

```
        OUT    53H,  AL
    MOV    AX, 10000
    OUT    50H,AL
    MOV    AL, AH
    OUT    50H,AL
    MOV    AL, 01110110B      ；计数器 1 初始化
    OUT  53H,  AL
    MOV    AX, 6000
    OUT    51H,AL
    MOV    AL, AH
    OUT    51H,AL
    MOV    AX, 0        ；设置中断向量
    MOV    DX, AX
    MOV    BX, 4*0AH
    MOV    AX, OFFSET INTR2
    MOV    DX, SEG INTR2
    MOV    [BX],    AX
    MOV    [BX+2], DX
    STI
    HLT
```

7. 解： 从输出波形上看，该波形的周期是 1ms，负脉冲宽度是 1us 。显然，这是 8253
工作在方式 2 下的输出波形。

(1)计算计数初值

时钟周期=1/CLK0=1/1MHz=1us

计算初值=输出脉冲周期/时钟周期=1ms/1us=1000

(2)确定方式控制字

方式控制字：

0　0　　　　1　1　　　　0　1　0　　　1　　　B=35H

选择通道 0　16 位读写　　方式 2　　十进制

初始化程序片断：

```
            MOV    AL, 35H
            MOV    DX,    203H
            OUT    DX,    AL      ;送方式控制字到控制口
            MOV    AL,   1000
            MOV    DX,    200H
            OUT    DX,    AL
            MOV    AL,    AH
```

OUT　　DX,　　　AL　;送计数初值到通道 0

8. 解: 根据题意是要产生如图 7-19 的波形

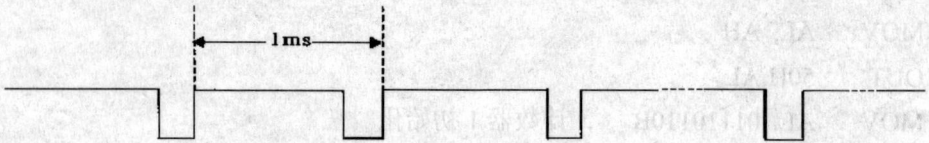

图 7-19　　波形图

计数初值 $n=Tout/Tclk=ToutFclk=0.001 \times (4 \times 10^{6})=4000$

通道 0 工作在方式 2,控制字为 00110100B

编程:　MOV　AL,　　　　　00110100 B

　　　　OUT　43H,　　　　　AL

　　　　MOV　AX,　　　　　4000

　　　　OUT　40H,　　　　　AL

　　　　MOV　AL,　　　　　AH

　　　　OUT　40 H,　　ALL

9. 解: (1)硬件电路图如图 7-20 所示。

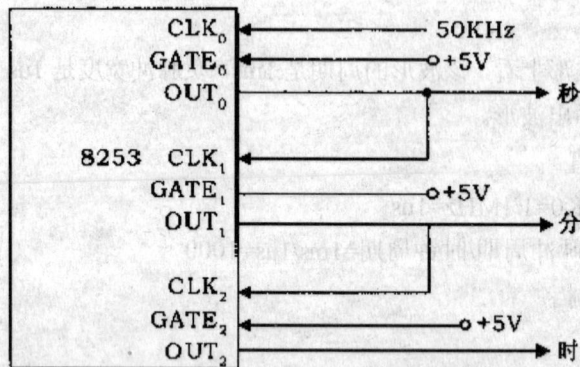

图 7-20　　硬件电路图

(2) $n0=Tout0/Tclk0=5000$

　　$n1=Tout1/Tclk1=60/1=60$

　　$n2=Tout2/Tclk2=3600/60=60$

把 8253 的三个计数通道都设置在工作方式 2。

MOV　　AL, 00110100B

MOV　　23H,AL

MOV　　AX, 5000

OUT　　20H,AL

```
MOV     AL, AH
OUT     20H,AL
MOV     AL, 01010100B
MOV     23H,AL
MOV     AL, 60
OUT     21H,AL
MOV     AL, 10010100B
OUT     23H,AL
MOV     AL, 60
OUT     22H,AL
```

附录A 微机原理及应用课程考试试题

考试试题一

一、填空题

1. 试利用一个字节的字长，将十进制数-78 转换成相应的二进制原码( )，反码( )，补码( )。

2. 已知段地址为 3900H，偏移地址为 5200H，则物理地址为( )。

3. 说明指令"MOV [BX+1060H][SI]，AX"的目标操作数采用的寻址方式是( )寻址方式。

4. 设 SS=2000H，SP = 0050H，AX=6976H，BX=23F0H，已知程序段：

```
MOV  SP, 0050H
PUSH AX
PUSH BX
POP  AX
POP  BX
```

执行上面程序段后，AX=( )，BX=( )，SP=( )。

5. 已知 AX=9876H，BX=0CDEFH，执行指令"ADD AX，BX"之后，AX=( )，且运算结果使状态标志位 OF=( )，ZF=( )。

6. 有两片 8259A 级联，从片接入主片的 IR_2，则主片 8259A 的初始化命令字 ICW_3 应为( )，从片的初始化命令字 ICW_3 应为( )。

7. PC 机采用向量中断方式处理 8 级外中断，其中断号依次为 08H~0FH，在 RAM 0: 24H 单元开始地址由低到高依次存放 00H、02H、20H 和 40H 四个字节，该向量对应的中断类型号( )和中断程序入口地址是( )。

8. 某一可编程中断控制器 8259A 的 IR_5 接在一个输入设备的中断请求输出线上，其中断类型号为 75H，则该片的中断类型号的范围是( )。

9. 8086 CPU 的外部中断分为( )和( )。

10. CPU 与 I/O 设备之间通过接口电路交换的信息,通常分为数据信息、( )和( )三种。

二、选择题

1. 设(AX)=1234H，(BX)=5678H，指出下列指令中，(　　　)指令执行后，源操作数和目标操作数都不发生变化?

　　　　A. TEST AX，1234　　　　　　　　B. AND AX，BX

　　　　C. SUB AX，1234H　　　　　　　　D. XCHG AX，BX

2. 下列 8086 指令中，含有非法操作数寻址的指令是(　　　)。

　　　　A. MOV AX，BX　　　　　　　　　B. MOV DS，1000H

　　　　C. MOV BX，1000H　　　　　　　　D. MOV BX，COUN[SI]

3. 将 AX 的高字节变反，其他位不变，应执行的指令是(　　　)。

　　　　A. AND AX，1FFFH　　　　　　　　B. OR AX，0FF00H

　　　　C. XOR AL，00FFH　　　　　　　　D. XOR AX，0FF00H

4. CPU 要把 BL 中的数据输出到端口地址 8CH 中，正确指令是(　　　)。

　　　　A. OUT 8CH，BL　　　　　　　　　B. IN 8CH，BL

　　　　C. MOV AL，BL　　　　　　　　　　D. MOV AL，BL

　　　　　　OUT 8CH，AL　　　　　　　　　　　IN 8CH，AL

5. 若 DF =1，执行串操作指令 MOVSB 时，地址指针的变化方式是(　　　)。

　　　　A. SI =SI+1，DI = DI+1　　　　　　B. SI = SI+2，DI = DI+2

　　　　C. SI =SI-1，DI = DI-1　　　　　　D. SI = SI-2，DI = DI-2

6. 某数据段定义如下:

```
DATA    SEGMENT
A1          DB 10H
A2          DW 00H, 20H, 30H
C           EQU $-A1
DATA    ENDS
```

则变量 C 的值为(　　　)。

　　　　A. 08H　　　　B. 06H　　　　C. 03H　　　　D. 07H

7. I/O 端口的单独编址方式特点是(　　　)。

　　　　A. 地址码较长　　　　　　　　　　　　B. 需要专用的 I/O 指令

　　　　C. 只需要存储器指令实现 CPU 对设备的访问　　D. 以上都不正确

8. 当多片 8259A 级联使用时，对于从片 8259A，级联信号 $CAS_2 \sim CAS_0$ 是(　　　)。

　　　　A. 输入信号　　　　B. 输出信号　　　　C. 全部信号　　　　D. 中断信号

9. 程序查询 I/O 的流程总是按(　　　)的顺序完成一个字符的传输。

　　　　A. 写数据端口，读/写控制端口　　　　B. 写控制端口，读/写状态端口

　　　　C. 读状态端口，读/写数据端口　　　　D. 随 I/O 接口的具体要求而定

10. 若一个双字数据，存放在 BX 与 AX 中(BX 中存放高字)，要求将这个双字数据逻辑左移一位，正确指令是(　　　)。

    A. SHL AX，1　　　　　　　　　B. RCL　AX，1

       RCL BX，1　　　　　　　　　　　　SHL　BX，1

    C. SHL　AX，1　　　　　　　　D. RCL　AX，1

       SHL　BX，1　　　　　　　　　　　RCL　BX，1

三、程序设计

1. 编写一个程序段，已知 BUF 单元有一字节无符号数 X，假设为 9，试根据下列函数关系编写程序求 Y 值(仍为单字节)，并将结果存入 RESULT 单元。

$$Y = \begin{cases} 5X & , X \langle 10 \\ X-5 & , X \geq 10 \end{cases}$$

2. 编写程序，以统计 BX 寄存器中"1"的个数，并将结果送往 CX 寄存器中。

四、存储器应用

图 A-1 为一个 SRAM 芯片，用该芯片扩展成一个 8K×8 的存储器。

(1) 写出该芯片的存储容量，共需多少这样的芯片才能满足上述要求？

(2) 若该芯片与 8086 CPU 相连，起始地址为 E6000H，且地址连续，请用全译码法画出满足要求的连接图。

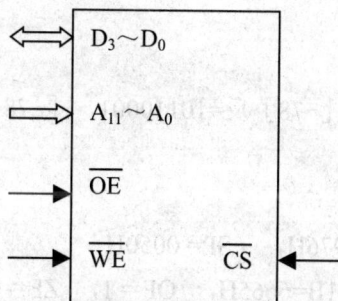

图 A-1　某 SRAM 芯片的电路图

五、可编程接口应用

1. 系统中 8253 芯片的计数器 0 至计数器 2 和控制端口的地址分别为 3F0H、3F2H、3F4H 和 3F6H，用 2# 计数器周期性地每隔 20ms 产生一次中断，已知 CLK_2=2MHz，试说明采用的工作方式是什么？计数初值是多少？写出初始化程序。

2. 如图 A-2 所示，某系统中有两片 8255 芯片，由 74LS138 译码器产生两个芯片的片选信号。要求：第一片 8255(J1)的 A 口工作在方式 0 输出，B 口工作在方式 0 输入，C 口高 4 位为输出、低 4 位为输入。第二片 8255(J2)的 A 口工作在方式 0 输入，B 口工作在方式 1 输出，C 口高 4 位输出，C 口低 4 位除作为 B 口控制信号外，其余都为输出。

(1) 试指出两片 8255 芯片各自的 A 口地址；

(2) 试写出两片 8255 芯片各自的方式控制字；

(3) 试写出两片 8255 芯片各自的初始化程序。

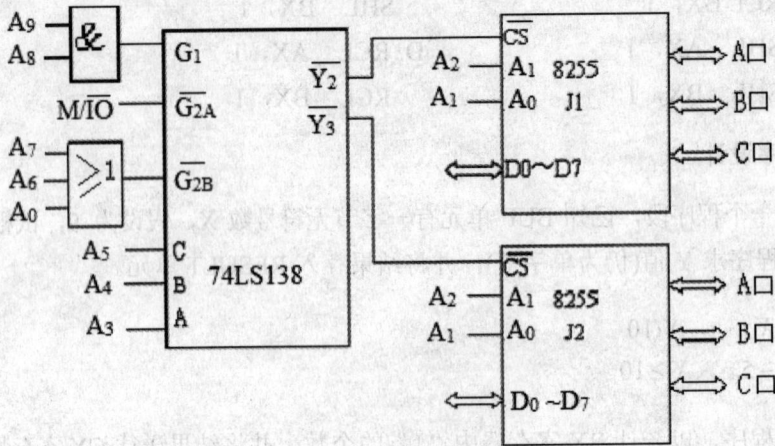

图 A-2　硬件连接图

考试试题一参考答案

一、填空题

1. [-78]原=11001110，　[-78]反=10110001，　[-78]补=10110010

2. 3E200H

3. 相对基址变址

4. AX= 23F0H，　　BX=6976H，　　SP= 0050H

5. AX=01100110 01100101B=6665H，　OF＝1，　ZF＝0，

6. 0000 0100B=04H，　0000 0010B=02H

7. 09H　　　4020:0200H

8. 70H～77H

9. 可屏蔽中断(INTR)，不可屏蔽中断(NMI)

10. 状态信息，　控制信息

二、选择题

1	2	3	4	5	6	7	8	9	10
A	B	D	C	C	D	B	A	C	A

三、程序设计

1.

```
DATA      SEGMENT
BUF       DB  9
RESULT    DB  ?
DATA      ENDS
CODE      SEGMENT
          ASSUME  CS: CODE, DS: DATA
START:    MOV  AX, DATA
          MOV  DS, AX
          MOV  AL, BUF
          CMP  AL, 10
          JAE  GREATER
          MOV  BL, AL
          ADD  AL, AL
          ADD  AL, AL
          ADD  AL, BL
          JMP  DONE
GREATER:  SUB  AL, 5
DONE:     MOV  RESULT, AL
          MOV  AH, 4CH
          INT  21H
CODE      ENDS
          END START
```

2.

```
CODE      SEGMENT
          ASSUME  CS: CODE
START:    MOV  CX, 0
AGAIN:    CMP  BX, 0
          JZ   NEXT
          SHL  BX,1
          JNC  AGAIN
          INC  CX
          JMP  AGAIN
NEXT:     MOV  AH, 4CH
          INT  21H
CODE      ENDS
          END START
```

四、存储器应用

(1) 4K×4　　需要 8K×8/4K×4 =4 片。

(2) 连接图如图 A-3 所示。

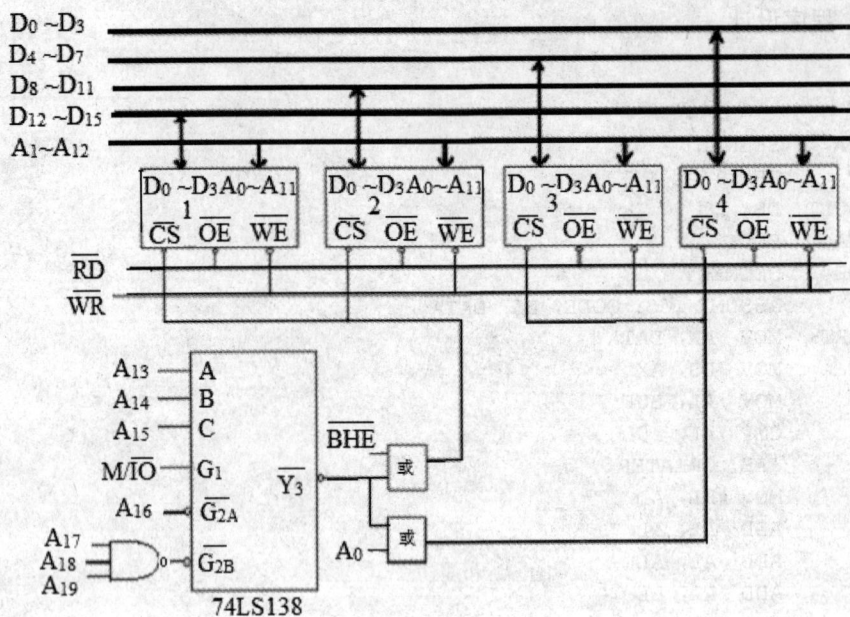

图 A-3　连接图

五、可编程接口应用

1. 要产生周期性的中断信号，可选择方式 2。

$$f_{out} = \frac{1}{20 \times 10^{-3}} = 50H_z$$

计数初值为

$$n = \frac{f_{clk}}{f_{out}} = \frac{2 \times 10^6}{50} = 40000 = 9C40H$$

```
MOV        AL，10110100B (B4H)
MOV        DX，3F6H
OUT        DX，AL
MOV        AL，40H
MOV        DX，3F4H
OUT        DX，AL
MOV        AL，9CH
OUT        DX，AL
```

2.

(1) 根据译码电路图，可分析出：

J1 的 A 口的地址为 310H

J2 的 A 口的地址为 318H

(2) 两片 8255 的控制字分别为：

J1：10000011B

J2：10010100B

(3) J1 的初始化程序为:

```
MOV DX, 316H
MOV AL, 83H
OUT DX, AL
```

J2 的初始化程序为:

```
MOV DX, 31EH
MOV AL, 94H
OUT DX, AL
```

考试试题二

一、填空题

1. 已知 8421BCD 码 11110010011.1000010101B，其十进制数是(　　)。

2. 某内存单元中存放的二进制代码为 94H，若为一个无符号数，则其真值为(　　)，若为一个带符号数，则真值为(　　)，若为一个 BCD 码，则真值为(　　)。

3. 若 DS=17F4H，则数据段的起始地址是(　　)。

4. 说明"MOV DX, [BX+SI]"的源操作数采用的寻址方式是(　　)寻址方式。

5. 8086 CPU 在进行串操作时源操作数的段首址是由(　　)决定的，偏移地址(即有效地址)是由(　　)决定的。

6. 对于指令"XCHG BX, [BP+SI]"，如果指令执行前，(BX)=6F30H，(BP)=0200H，(SI)=0046H，(SS)=2F00H，(2F246H)=4154H，则执行指令后，(BX)=(　　)，(2F246H)=(　　)。

7. 测试 AL 寄存器的最低位是否为 0，且要求不改变 AL 的内容，按上述要求写出一条指令(　　)。

8. 指令"BUF DB 10 DUP(2 DUP(?，10)，3，10)"汇编后，变量 BUF 占用的存储单元字节数是(　　)。

9. 设当前(SS)=1250H，(SP)=0240H，若在堆栈中取出 2 个字数据，则栈顶的物理地址为(　　)H，如果又在堆栈中存入 5 个字数据，则栈顶的物理地址为(　　)H。

10. 若定义 XYZ DW 'A'，则 XYZ 字存储单元中存放的数据是(　　)。

11. 3 片 8259 级联，最多可以接(　　)个可屏蔽中断源。

12. 某中断控制器 8259A，初始化命令字 ICW_2 内容为 23H，则该片的中断类型号的范围是(　　)。

13. 8259A 工作在 8086 模式，中断向量字节 ICW_2=A0H，若在 IR_3 处有一中断请求信号，这时它的中断向量为(　　)，该中断的服务程序入口地址在内存地址为(　　)至(　　)的 4 个单元中。

二、选择题

1. 已知 AL=9EH，DL=8AH，执行"CMP AL，DL"指令后，C、O、S、Z 4 个标志的状态分别为(　　)。

  A. 1、0、1、0   B. 1、1、0、0

  C. 0、0、0、0   D. 1、0、0、0

2. 将累加器 AX 的内容清零的正确指令是(　　)。

  A. AND AX，FFH   B. XOR AX，AX

  C. SBC AX，AX   D. CMP AX，AX

3. 对于下列程序段：

```
AGAIN:  MOV AL, [SI]
        MOV ES:[DI], AL
        INC SI
        INC DI
        LOOP  AGAIN
```

也可用指令(　　)完成同样的功能。

  A. REP　MOVSB   B. REP　LODSB

  C. REP　STOSB   D. REPE　SCASB

4. 欲设定从偏移地址 100H 开始安排程序，可使用(　　)伪指令。

  A. ORG 100H   B. START=100H

  C. START DB 100H   D. START EQU 100H

5. CPU 与 I/O 设备之间传送的信号有(　　)。

  A. 控制信息   B. 状态信息   C. 数据信息   D. 以上三种都有

6. 有 3 片 8259A 级联，从片分别接入主片的 IR_2 和 IR_5，则主片 8259A 的初始化命令字 ICW_3 中的内容为(　　)，2 片从片 8259A 的初始化命令字 ICW_3 的内容分别为(　　)。

  ① A. 48H   B. 24H   C. 2H   D. 42H

  ② A. 00H，01H   B. 20H，40H   C. 04H，08H   D. 02H，05H

7. 8086 CPU 用于中断请求输入的引脚信号是(　　)。

  A. INTR 和 NMI   B. INT 和 NMI

  C. INTR 和 INTA   D. INTE 和 INET

8. 8086 CPU 在执行"IN AX，25H"指令中，引脚 $\overline{RD}$、$\overline{WR}$、$M/\overline{IO}$ 的电平分别为(　　)。

  A. 低电平、高电平、低电平   B. 高电平、高电平、低电平

  C. 低电平、低电平、低电平   D. 低电平、高电平、高电平

9. EPROM 存储器是指(　　)。

  A. 只读存储器   B. 可编程的只读存储器

  C. 可擦除可编程的只读存储器   D. 电可改写只读存储器

三、阅读下面的程序，回答问题

```
DATA    SEGMENT
        ORG 3000H
BUF1    DB '5678'
N       EQU $-BUF
BUF2    DB N DUP(?)
DATA    ENDS
CODE    SEGMENT
        ASSUME  CS: CODE, DS: DATA
START:  MOV AX, DATA
        MOV DS, AX
        LEA SI, BUF1
        MOV CX, N
        LEA DI, BUF2
LOOP1:  MOV AL, [SI]
        AND AL, 0FH
        MOV [DI], AL
        INC SI
        INC DI
        DEC CX
        JNZ LOOP1
        MOV AH, 4CH
        INT 21H
CODE    ENDS
        END  START
```

1. 画出从 BUF1 开始的 N 个字节单元的内存分配图。

2. 程序执行后，画出从 BUF2 开始的 N 个字节单元的内存分配图。

3. 找出一条指令代替指令"AND AL，0FH"，而使程序功能不变。

四、程序设计

1. 在以 DATA1 为首址的内存数据段中，存放了 200 个带符号字数据，试将其中最大和最小的带符号数找出来，分别存放到以 MAX 和 MIN 为首址的内存单元中。

2. 在以 BUF 为首址的内存数据段中，存放了 20 个带符号字节数据。要求找出该数据块中正数并且是偶数的个数，以存入 PUNIT 单元。

五、存储器应用

图 A-4 为一个 EPROM 芯片，用该芯片扩展成一个 8K×8 的存储器。

(1) 写出该芯片的存储容量，共需多少这样的芯片才能满足上述要求？

(2) 若该芯片与 8086 CPU 相连，起始地址为 36000H，且地址连续，请用全译码法画出满足要求的连接图。

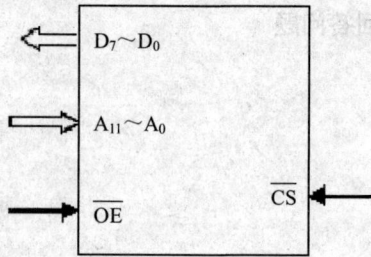

图 A-4　某 EPROM 芯片

六、可编程接口应用

1. 某微机控制系统中扩展一片 8255 作为并行口，如图 A-5 所示。其中 A 口为方式 1 输入，以中断方式与 CPU 交换数据，中断类型号为 10H，中断服务程序的入口地址为 3500H:1256H；B 口为方式 0 输出；C 口的普通 I/O 线作为输入。

(1) 写出 8255 A 口、B 口、C 口的端口地址。

(2) 写出 8255 的初始化程序，并设置 A 口的中断矢量。

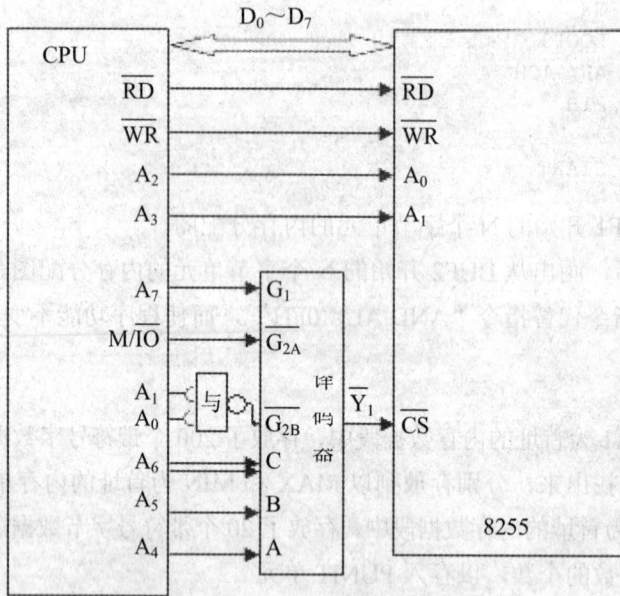

图 A-5　扩展的 8255

2. 系统中 8253 芯片的计数器 0 至计数器 2 和控制端口的地址分别为 0FFF0H、0FFF2H、0FFF4H 和 0FFF6H。

(1) 2#计数器周期性地每隔 10ms 产生一次中断，已知 $CLK_2=2MHz$。

(2) 1#计数器工作在方式 0，其 CLK_1 输入外部计数事件，每计满 1000 个向 CPU 发出中断请求。编写出相应的初始化程序。

考试试题二参考答案

一、填空题

1. 793.854

2. 148，-108，94

3. 17F40H

4. 基址变址

5. DS，SI

6. 4154H，6F30H

7. TEST AL，0000 0001B

8. 60

9. 12744，1273A

10. 0041H

11. 22

12. 20H~27H

13. A3H，0028CH，0028FH

二、选择题

1. C　　　　2. B　　3. A　　4. A　　5. D

6. ①B，②D　7. A　　8. A　　9. C

三、阅读下面的程序，回答问题

(1) 画出从 BUF1 开始的 N 个字节单元的内存分配图。如图 A-6 所示。

变量	值	偏移地址
BUF1	35H	3000H
	36H	3001H
	37H	3002H
	38H	3003H

图 A-6　从 BUF1 开始的内存分配图

(2) 程序执行后，从 BUF2 开始的 N 个字节单元中的内容是 5、6、7、8，如图 A-7 所示。

变量	值	偏移地址
BUF1	35H	3000H
	36H	3001H
	37H	3002H
	38H	3003H
BUF2	5	3004H
	6	3005H
	7	3006H
	8	3007H

图 A-7　从 BUF2 开始的内存分配图

3. 用指令"SUB AL，30H"代替指令"AND AL，0FH"，而程序功能不变。

四、程序设计

1.

```
            LEA SI,DATA1
            MOV CX,20
            MOV AX,[SI]
            INC SI
            INC SI
            MOV  MAX, AX
            MOV  MIN, AX
            DEC CX
AGAIN:      MOV AX, [SI]
            INC  SI
            INC  SI
            CMP  AX, MAX
            JG  GREATER
            CMP  AX, ,MIN
            JL  LESS
            JMP  GOON
GREATER:    MOV  MAX, AX
            JMP  GOON
LESS:       MOV  MIN, AX
GOON:       DEC  CX
            JNZ  AGAIN
```

2.

```
DATA        SEGMENT
BUF         DB  -2, 5, -3, 6, 0, -20, -110
PUNIT       DB  ?
DATA        ENDS
CODE        SEGMENT
            ASSUME  CS: CODE, DS: DATA
BEGIN:      MOV  AX, DATA
```

```
            MOV  DS, AX
            LEA  BX, BUF
            MOV  CX, 20
            MOV  AL, 0
LOPA:       CMP  [BX], BYTE PTR 0
            JLE  NEXT
            TEST [BX], BYTE PTR 1
            JNZ  NEXT
            INC  AL
NEXT:       INC  BX
            DEC  CX
            JNZ  LOPA
            MOV  PUNIT, AL
            MOV  AH, 4CH
            INT  21H
CODE        ENDS
            END  BEGIN
```

五、存储器应用

(1) 6264 为 RAM 芯片，容量为 8KB，需两片。

(2) 连接图如图 A-6 所示。

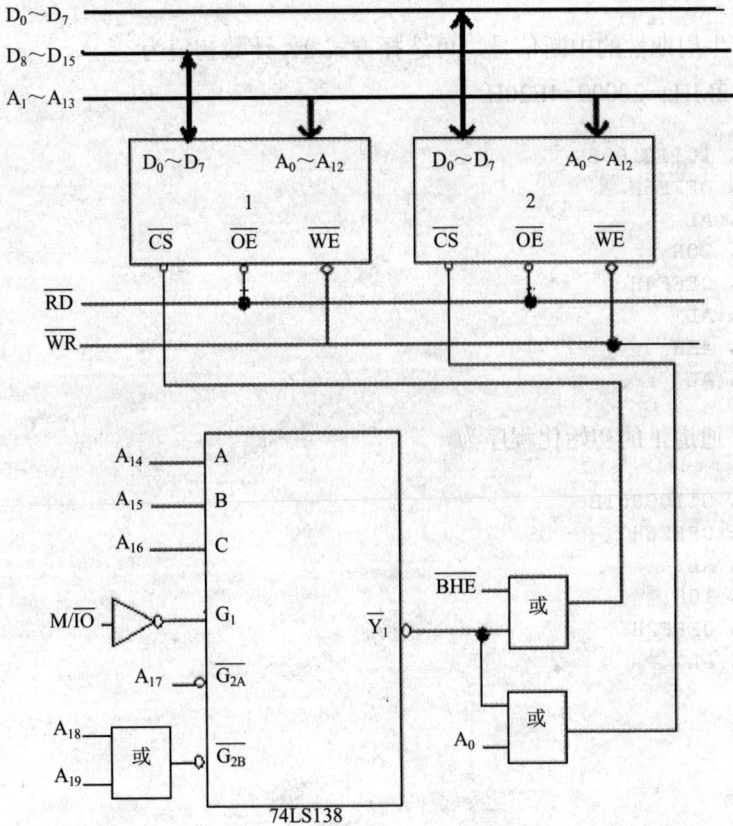

图 A-6　RAM 芯片的连接图

六、可编程接口应用

1.

解:

(1) A 口地址为 90H，B 口地址为 94H，C 口地址为 98H。

(2)

```
MOV  AL, 10111001B        ; 方式控制字
MOV  DX, 9CH
OUT  DX, AL
MOV  AL, 00001001B        ; PC4 置 1，开发 A 口的输入中断请求
OUT  DX, AL               ; 中断矢量设置程序
MOV  AX, 0
MOV  DS, AX
MOV  DI, 10H×4
MOV  AX, 1256H
MOV  [DI], AX
INC  DI
INC  DI
MOV  AX, 3500H
MOV  [DI], AX
```

2.

(1) 要产生周期性的中断信号，可选择方式 2。计数初值为

$n = 10\text{ms} \times 2\text{MHz} = 20000 = 4\text{E}20\text{H}$

```
MOV  AL, 10110100B
MOV  DX, 0FFF6H
OUT  DX, AL
MOV  AL, 20H
MOV  DX, 0FFF4H
OUT  DX, AL
MOV  AL, 4EH
OUT  DX, AL
```

(2) 8253 通道 1 的初始化程序为

```
MOV  AL, 01100001B
MOV  DX, 0FFF6H
OUT  DX, AL
MOV  AL, 10H
MOV  DX, 0FFF2H
OUT  DX, AL
```

参 考 文 献

[1] 洪永强. 微机原理与接口技术[M]. 北京：科学出版社，2004 年 6 月第 1 版.

[2] 何小海，严华编. 微机原理与接口技术[M]. 北京：科学出版社，2006 年 8 月第 1 版.

[3] 楼顺天，周佳社. 微机原理与接口技术[M]. 北京：科学出版社，2006 年 8 月第 1 版.

[4] 何莉编. 微机原理与接口技术[M]. 北京：机械工业出版社，2004 年 1 月第 1 版.

[5] 王玉良，吴晓非，张琳等. 微机原理与接口技术复习指导和习题解答[M]. 北京：北京邮电大学出版社，2006.

[6] 余春暄，施远征，左国玉. 80x86 微机原理及接口技术—习题解答与实验指导[M]. 北京：机械工业出版社，2008.

[7] 温东阳，鲍远慧. 微机原理与接口技术习题与解析[M]. 北京：清华大学出版社，2006.

[8] 沈鑫剡. 微机原理与应用学习辅导[M]. 北京：清华大学出版社，2006.

[9] 葛桂萍，管旗，罗家奇，曹永忠. 微机原理学习与实践指导[M]. 北京：清华大学出版社，2010.

[10] 钱晓捷，张清，姚俊婷. 微型计算机原理及应用教学辅导与习题解答[M]. 北京：清华大学出版社，2007.

[11] 刘丽莉. 汇编语言程序设计[M]. 北京：北京大学出版社，2010.

[12] 马瑞芳，王会燃. 微机原理与接口技术重点难点及典型题精解[M]. 西安：西安交通大学出版社，2002 年 8 月第 1 版.

[13] 孙德文. 微型计算机原理及其接口技术学习辅导及习题解答[M]. 北京：清华大学出版社，2007 年 5 月第 1 版.

[14] 张晓明，等. 汇编语言程序设计[M]. 北京：国防工业出版社，2009.

[15] 周学毛. 汇编语言程序设计—方法·技术·应用[M]. 北京：高等教育出版社，2005.

[16] 荆淑霞，王晓，何丽娟. 微机原理与汇编语言程序设计[M]. 北京：中国水利水电出版社，2005.

[17] 赵国相，赵大鹏，张键，徐长青. 微型计算机原理与汇编语言程序设计[M]. 北京：科学出版社，2004.

[18] 王忠民，王钰，王晓婕. 微型计算机原理[M]. 西安：西安电子科技大学出版社，2007.

[19] 齐志儒，高福祥. 汇编语言程序设计[M]. 沈阳：东北大学出版社，1994.

[20] 秦晓红，冯萍，孔庆芸，史新福. 微型计算机原理及应用导教·导学·导考[M]. 西安：西北工业大学出版社，2003.

[21] 沈鑫刿. 微型计算机原理与应用学习辅导[M]. 北京：清华大学出版社，2006.

[22] 邹逢兴主编. 微型计算机原理及其应用典型题解析与实战模拟[M]. 长沙：国防科技大学出版社，2003.

[23] 周国祥，石雷，毕翔，许高建，王本有. 微型原理与接口技术复习考试指南[M]. 合肥：中国科学技术大学出版社，2014.